KB267390

결국 협력형 부모가 성공한다

AI 시대가 요구하는 양육의 새로운 기준

결국 협력형 부모가 성공한다

박재원 지음

담담

더 하지 말고 다르게 해야 합니다

너무 성실해서 힘든 부모와, 함께 지친 아이들에게

오늘도 아이 방문 앞을 서성이다가 끝내 노크 한번 못 하고 뒤돌아서지는 않으셨나요? 성적표가 놓인 식탁에서 아이에게 괜찮다고 말하면서도, 마음 한구석이 조용히 무너지지는 않으셨나요? 아이를 위해 할 수 있는 건 정말 다 했다고 믿으셨을 겁니다. 남들보다 뒤처질까 불안한 마음을 억누르며 성실하게 부모 역할을 하고 있다고 생각했는데 막상 돌아오는 건 아이의 차가운 눈빛과 굳게 닫힌 방문뿐이라면, 당신은 지금 개인의 노력이나 성실함만으로는 벗어날 수 없는, 이미 시대의 성공 방정식이 바뀌어 버린 '예정된 실패의 길' 위에 서 있는지도 모릅니다.

수많은 부모님이 울먹이며 말씀하십니다. "소장님, 저는 정말 최선을 다했어요!" 그 말은 사실입니다. 당신의 사랑은 결코 부족하지 않았습니다. 아이를 위해 쏟아부은 정성과 노력, 넘칠 만큼 충분했습니다. 그런데도 왜 안도감 대신 허탈함이 남았을까요? 최선을 다한 부모의 눈물은 어떤 신호를 보내고 있는 걸까요?

모든 여정을 끝낸 선배 부모들이 지금의 당신을 본다면, 아마 이렇게 말할 것입니다. "당신이 부족해서가 아닙니다. 그 길은 이미 끝이 정해져 있을 뿐이에요." 실패의 길 끝에 기다리고 있는 것은 부모와 아이의 소진, 그리고 상처뿐이라는 사실을 선배 부모들은 알고 있습니다. 하지만 현실에서는 그런 선배를 쉽게 만날 수 없습니다. 각자의 집에서 홀로 불안을 껴안고 같은 질문만 되풀이하고 있기 때문입니다. '왜 아이는 클수록 말을 잘 듣지 않을까? 아이의 문제일까, 아니면 내 잘못일까? 과연 내가 잘하고 있는 걸까?' 하면서 말이지요.

그런데 혹시 이 문제가 부모도 아이도 아닌, 우리가 너무 오랫동안 당연하게 따른 어떤 '방식'의 문제일지도 모른다는 의심을 품은 적은 없으신가요? 부모의 경제력과 정보력이 아이를 지켜 주는 울타리라 믿었지만 사실은 아이의 숨을 막히게 하는 '황금 감옥'은 아니었을까요?

처음부터 우리에게는 선택지가 없었습니다. 사회의 구조는 부모를 끊임없이 아이의 '관리자'의 자리로만 밀어 넣었습니다. 더 많이 알아야 했고, 더 촘촘히 챙겨야 했고, 더 희생해야 좋은 부모가 된다고 배웠습니다. 한때는 통했고 일정한 성과를 내기도 했던 그 방식이 지금까지 관성처럼 이어져 왔을 뿐입니다. 하지만 인공지능이 인간의 지적 노동을 대체하는 지금, 그 관성은 아이를 미래의 실직자로 만드는 가장 위험한 선택이 되었습니다. 바로 이것이 우리가 이 책을 통해 물리쳐야 할 '집약형 양육 모델'의 치명적인 맹점입니다. 당신이 힘든 이유는 게을러서가 아니라 너무나 성실했기 때문이며, 아이가 무너진 이유도 의지가 약해서가 아니라 부모와 함께 지쳐버렸기 때문입니다.

저는 대치동의 화려한 불빛 아래에서 소리 없이 시들어가는 아이들과, 시골의 척박한 환경에서도 스스로 꽃을 피우는 아이들의 이야기가 결국 같은 맥락에 있다는 사실을 알게 됐습니다. 그리고 아이를 키우는 진짜 힘은 돈이나 정보가 아니라 부모와 아이 사이의 흐르는 공기, 즉 관계의 질에서 나온다는 사실을 확신하게 되었습니다. 아이에게 필요한 사람은 정답을 쥐고 있는 관리자가 아니라 자신의 불안을 알아주고 언제라도 곁을 지켜줄 단 한 사람, 바로 부모입니다.

　부모가 아이를 자신의 의도대로 관리하면 할수록 아이는 저항하거나 무기력해집니다. 부모가 아이 곁에 같은 편으로 서 줄 때, 아이는 비로소 자기 힘으로 세상을 향해 한 발을 내딛습니다. 부모 역할, 이제 더 하지 말고 다르게 해야 합니다. 부모 혼자 독배를 마시듯 책임지는 길이 아니라, 아이와 한편이 되는 길을 가야 합니다. 통제가 아니라 협력으로 함께 살아남아야 합니다. 이 책은 아이를 고치기 위한 처방전이 아닙니다. 아이가 마음 놓고 숨 쉴 수 있는 '안전한 집'을 부모와 아이가 함께 다시 짓는 이야기입니다.

아직 늦지 않았습니다. 당신은 이미 충분히 애써왔습니다. 이제는 아이를 바꾸기보다 아이 편에 서는 쪽으로, 자신을 몰아붙이기보다 부모와 아이가 함께 숨 쉬는 쪽으로 걸음을 옮겨보십시오. 아이에게 꼭 필요한 부모가 되는 그 길 위에, 제가 조금 앞에서 지도를 들고 당신과 함께 걷겠습니다.

목차

튼튼한 협력의 집을 지으려면 좋은 터를 고르는 것이 먼저입니다. 우리 아이의 건강한 성장을 위해, 혹시 불안과 착각이라는 무른 땅 위에 서 있는 것은 아닌지, 지금부터 우리 집의 터를 함께 점검해 보겠습니다.

PART 1

어디에 터를 잡을 것인가

1장

불안정한 터 위에 지은 집,
집약형 양육이라는 유행병 진단하기

이 편지를 한번 읽어보시겠어요? EBS 다큐멘터리 〈공부 못하는 아이〉 제작에 참여했을 때 읽고 너무나 큰 충격을 받았던, 어느 고등학생이 부모님께 차마 전하지 못하고 구겨 버린 편지입니다.

엄마, 아빠. 진짜 다시는 이렇게 편지 쓰고 싶지 않았는데, 죄송해요. 고등학교 첫 시험이라 진짜 잘 보고 싶었는데… 죄송합니다. 국어는 서술형은 다 맞았는데, 객관식 또 망쳤나 봐요. 한국사, 과학, 진짜 죄송합니다. 그리고 수학 진짜 죄송합니다. 점수 봤는데… 적어도 50점은 나올 줄 알았는데 42점이에요. 진짜 죄송해요. 기말 땐 진짜 열심히 해 볼게요. 다 지금 점수 넘을게요. 죄송해요. 그리고 오늘은 자숙의 시간 좀 보낼게요. 연락하지 마세요. 걱정하지 마세요. 죄송해요, 용서하세요, 진짜 죄송합니다.

이 편지가 어떻게 보이십니까? 단순히 성적이 나빠 속상한 아이의 투정으로만 보이시나요? 저는 이 편지에서 부모의 기대를 재앙처럼 느끼는 아이의 처절한 절규를 보았습니다. 모든 실패의 원인을 자신에게 돌리며 스스로를 죄인으로 낙인찍는 아이의 고통스러운 자백을 들었습니다. 죄송하다는 말로 가득한 이 글 속에서 아이는 온전히 혼자입니다.

불안 위에 지은 감옥, 신뢰 위에 지은 울타리

우리는 모두 아이를 위한 견고하고 따뜻한 집을 짓고 싶어 합니다. 하지만 어떤 땅 위에, 어떤 설계도로 집을 짓느냐에 따라 그 결과는 정반대가 될 수 있습니다. 어떤 집은 불안이라는 기초 위에 경쟁과 비교라는 땅을 다지고, 돈과 외부 정보를 기둥 삼아 통제와 지시로 벽을 올립니다. 부모는 끊임없이 무너지는 집을 수리하느라 스트레스를 받고, 아이는 그 집에서 탈출하고 싶어 합니다.

반면, 어떤 집은 부모의 원칙이라는 기초 위에 신뢰라는 땅을 다지고, 정서적 안정, 자율성, 과정 중심주의, 학습 습관이라는 네 개의 기둥을 세웁니다. 협력적 소통으로 벽을 올리고 가족의 가치관으로 지붕을 덮습니다. 부모와 아이는 함께 집을 지으며 행복하고 안정됩니다.

30년 넘게 교육 현장에서 수많은 부모님과 아이를 만나는 동안, 안타깝게도 저 편지를 쓴 아이처럼 불안정한 집에 갇혀 소리 없이 비명을 지르는 아이들을 너무나 자주 목격해야 했습니다. 도대체 무엇이 우리 아이들을 이토록 깊은 절망으로 내모는 걸까요? 아이를 사랑하는 부모의 노력이 어째서 아이에게 감당할 수 없는 빚이 되고, 아이를 죄인으로 만드는 걸까요?

저는 그 근본 원인을 오늘날 많은 가정을 지배하는 양육 방식, 바로 '집약형 양육 모델'에서 찾습니다. 사회학에서 말하는 집약적 양육 또는 집중 양육 개념과 맞닿아 있는 이 모델은, 주로 중산층 이상의 부모님들이 자녀의 성공을 위해 시간, 돈, 정보 등 모든 자원을 아이에게 집중 투입하고, 아이의 삶 전반을 마치 프로젝트처럼 세밀하게 관리하는 방식을 의미합니다.

물론 그 시작은 아이를 향한 깊은 사랑과 걱정입니다. 치열한 경쟁 사회에서 내 아이만 뒤처질까 봐 불안한 마음, 아이에게 최고의 환경을 제공해 주고 싶은 간절한 바람에서 비롯된 경우가 많습니다. 단원평가 점수 하나하나에 예민하게 반응하고, 아이 스케줄을 꼼꼼히 관리하며, '옆집 아이는 벌써 ○레벨이라는데…' 하는 비교에 밤잠을 설칩니다. 어쩌면 이 시대 부모로서 당연하고 합리적인 반응처럼 보일 수도 있습니다. 경제적 불평등이 심화할수록, 좋은 일자리를 얻기 위한 경쟁이 치열해질수록, 부모는 자녀의 성공 가능성을 높이기 위해 더 많은 노력을 투자하는 집약적 양육을 선택하게 된다는 연구 결과도 있으니까요.

대치동의 한 교육 컨설턴트는 칼럼에서 '대치동 엄마들은 미쳐

버린다'는 도발적인 표현을 썼습니다. 과격하게 들릴지 모르지만, 지금 대한민국의 교육 현실을 깊숙이 들여다보면 고개를 끄덕일 수밖에 없습니다. 미치지 않는 것이 오히려 이상할 정도의 교육 시스템 속에서, 부모님들의 불안과 필사적인 노력은 실패한 선택이 아니라 생존을 위한 처절하고도 합리적인 몸부림에 가깝습니다.

조기 교육이 '나이'를, 선행학습이 '학년' 질서를 무너뜨린 이곳은 아무도 교통 법규를 지키지 않는 혼돈의 도로입니다. 아수라장 속에서 정속 주행하려는 부모는 극심한 불안에 휩싸입니다. '나만 뒤처질지 모른다'는 공포가 사방에서 울려 퍼지죠. 이 거대한 불안의 이면에는 신뢰할 수 없는 시스템이 있습니다. 요동치는 대입 제도, 공교육에 대한 불신이 부모들을 사교육 시장으로 내몰았습니다. 그 빈틈을 거대한 불안 산업이 파고듭니다. 학원들은 공포 마케팅으로 두려움을 자극하고, 맘카페 같은 커뮤니티는 경쟁과 불안을 끊임없이 퍼 나르는 메아리 방이 되었습니다.

이 혼란스러운 시스템은 부모들이 집약형 양육 모델로 아이들을 관리하고 통제하게 만듭니다. 여기서 '국가는 이 문제를 해결할 수 없으니, 개인이 스스로 해결해야 한다'는 각자도생의 신념이 싹 틉니다. 이는 일부 부모의 과도한 욕망이 아니라 시스템 실패에 대한 비극적이지만 합리적인 적응의 결과물입니다. 문제는 이 방식이 더 이상 아이를 보호하지 못한다는 데 있습니다. 기존 시스템(수능, 내신)에 지나치게 최적화된 아이일수록 AI가 인간을 압도하는 환경에서는 오히려 더 취약해지는 과적응 상태에 놓이게 됩니다. 과거의 '안전지대'였던 의사, 변호사 등 전문직조차 루틴한 인지 노동의 자동화로 인해 AI의 위협에 가장 노출된 직업군이 되었음을 직시해야 합니다.

바로 이 지점에, 위험한 함정이 숨어 있습니다. 끊임없는 비교와 불안 속에서 아이를 위한다는 명목 아래 통제와 관리의 강도를 비정상적으로 높일 때, 아이의 자율성과 내적 동기는 심각하게 훼손되고 부모와 아이 모두가 소진되는 파괴적인 결과로 이어질 수 있습니다.

부모의 동기가 '내 아이의 성장에 무엇이 필요한가?'라는 건강한 관심에서, '나의 불안을 잠재우기 위해 무엇을 해야 하는가?'라는 불안 해소의 욕구로 바뀌는 순간, 합리적이었던 전략은 파괴적인 집착으로 변질됩니다.

이제 우리는 그 함정의 실체를 제대로 들여다봐야 합니다. 우리가 아이를 위해 딛고 선 땅이 혹시 사랑이 아닌 불안이 스며든 연약한 땅은 아닌지, 아이의 집을 짓기 전에 먼저 우리가 선 이 터부터 냉정하게 진단해야 합니다. 이것이 바로 협력의 집 짓기 첫 단계, 터 고르기입니다.

왜 부모가 노력할수록 아이는 망가지는가?

강한 불안감에 사로잡힌 부모는 아이를 위한 최선이라는 믿음 아래, 자신도 모르게 집약형 양육 모델의 길로 들어섭니다. 성적 중심의 목표를 세우고 아이 삶 전반을 집중 관리하며 활용할 수 있는 모든 자원(돈, 정보, 시간)을 쏟아붓는 방식이죠. 이때 부모는 아이의 보호자가 아닌 성적 관리자가 됩니다. 제가 대치동 사교육 최전선에서 수없이 목격한 것은, 부모가 아이를 위해 더 많이 투자하고 노력할수록 아이는 오히려 더 쉽게 망가진다는 비극적인 역설이었습니다.

아이 교육에 누구보다 열성적이었던 한 어머니가 계셨습니다. 중학교 2학년 아들을 위해 영어 유치원부터 해외 캠프까지, 시간과 비용을 아끼지 않으셨죠. "내가 해줄 수 있는 건 다 했다"는 확신만큼 기대도 컸습니다. 집약형 모델의 전형적인 관리자셨죠. 그런데 이 모델에는 피하기 어려운 비극이 숨어 있습니다. 바로 관리자의 노력이 클수록 아이의 자발성은 질식한다는 사실입니다. 비극은 갑자기 시작된 것이 아닙니다. 어쩌면 초등학교 1학년, 받아쓰기 점수 하나에 엄마가 안절부절못하며 더 잘해야 한다고 다그쳤던 그 순간부터 아이의 자발성은 조금씩 숨 막혀 왔을지도 모릅니다.

아이에게 쏟은 막대한 투자는 때로 배신감으로 돌아왔습니다.

아이의 성적은 기대 이하였고, 어머니의 당혹감은 실망과 초조함을 거쳐 분노로 번져갔습니다. '나는 최선을 다했는데, 왜 우리 애는 결과를 못 내는 걸까?' 부모의 억울한 마음은 보통, 문제는 아이에게 있다는 판단에 이르러야 비로소 수습되곤 합니다. 하지만 부모가 자신의 심리적 안정을 위해 아이에게 책임을 돌리는 그 순간, 아이의 마음은 까맣게 타들어 가고 있습니다.

어느 날 저녁, 아이는 현관문을 열며 엄마의 굳은 표정부터 살핍니다. 어머니는 성적표를 보더니 아무 말 없이 입술만 꾹 다뭅니다. 그 침묵이 아이에게는 천 마디 꾸중보다 더 무겁습니다. 결국 저녁 식탁에서 어머니는 참았던 말을 쏟아냅니다. "이번에도 겨우 중간이더라. 엄마가 얼마나 기대하는지 알잖아." 하지만 아이의 귀에는 '넌 왜 이렇게 한심하니'라는 절망의 한숨으로 들릴 뿐입니다.

아이는 말없이 자기 방으로 들어갑니다. 그날 밤, 가족은 보이지 않는 전쟁을 치릅니다. 부모는 '내 노력은 틀리지 않았어'라며 아이를 다그치고, 아이는 '난 부모님 기대에 한참 못 미쳐'라고 자책하며 마음의 문을 닫습니다. 이것이 제가 수없이 목격한 말 없는 갈등의 실체입니다. 부모는 아이가 굳게 닫은 방문 너머, 아이가 어떤 마음으로 무너져 내리고 있는지 알지 못합니다.

"도대체 무엇이 우리 아이들을 이토록 깊은 절망으로 내모는 걸까요? 아이를 사랑하는 부모의 노력이 어째서 아이에게 감당할 수 없는 빚이 되고, 아이를 죄인으로 만드는 걸까요? (…) 우리는 그 함정의 실체를 제대로 들여다봐야 합니다."

"도대체 무엇이 우리 아이들을 이토록 깊은 절망으로 내모는 걸까요? 아이를 사랑하는 부모의 노력이 어째서 아이에게 감당할 수 없는 빚이 되고, 아이를 죄인으로 만드는 걸까요? (…) 우리는 그 함정의 실체를 제대로 들여다봐야 합니다."

한눈에 비교하기

	집약형 양육 모델	협력형 부모 모델
핵심 자원	돈, 외부 정보, 사교육	관계, 내부 신뢰, 자율성
불안 대처	공포 마케팅에 휘둘리며 아이 통제	내면의 원칙을 세워 부모 자신을 관리
아이의 역할	정답과 속도 중심의 관리 대상	불확실한 AI 시대를 함께 설계하는 협력 파트너
성공의 척도	결과(점수, 대학 간판)	과정(성장 경험, 자립심)

10분 미션　나의 두 얼굴 관찰 일지

'나는 원래 욱하는 성격이야' 하고 체념하는 대신, 성격이 아닌 상태를 관리하는 구체적인 연습을 시작합니다.

1. 내 안의 다른 사람 확인하기

오늘 나를 불안하게 만든 상황(어질러진 아이 방, SNS 비교, 아이 말대꾸 등)을 떠올려 봅니다. 예를 들어, 기대 이하의 성적표 앞에서 나의 두 가지 상태를 그려 봅니다.

- 평온한 상태: "고생 많았네. 어디가 어려웠어?" → 아이 마음 열림
- 불안한 상태: "이게 뭐야! 또 같은 실수야?" → 아이 마음 닫힘

이 차이는 부모의 성격이 아닌 '상태'에서 비롯됩니다. 불안한 상태의 모습은 주로 외부 압력(단체카톡방이나 주변에서 접하는 비교)으로 불안이 증폭될 때 소환됩니다.

2. 상태의 힘 관찰하기

메모장에 '나의 상태(평온/불안)'와 '아이의 반응(열림/닫힘)'을 기록해 봅니다. '내가 불안할수록 아이는 닫힌다. 내가 평온할수록 아이는 열린다.' 이 패턴을 눈으로 확인하는 순간, '성격 탓'이라는 착각에서 벗어날 수 있습니다.

3. 아주 작은 '상태 전환' 연습, 7초 멈춤 챌린지

'불안한 나'가 소환되려는 순간(예: 현관에서 아이의 엉망인 성적표를 확인한 순간), 즉시 반응하지 않습니다. 속으로 하나부터 일곱까지 숫자를 세어 봅니다. 이 짧은 '7초 멈춤'은 단순히 마음을 다스리는 주문이 아닙니다. 공포에 장악된 뇌의 경보 장치(편도체)를 진정시키고, 이성적 판단을 내리는 '두뇌의 CEO', 전전두피질이 다시 운전대를 잡을, 최소한의 시간을 벌어주는 과학적 응급처치입니다.

FAQ

Q. 불안한 건 제 '성격' 탓 아닌가요? '7초 멈춤'으로 정말 달라질까요?

A. 아닙니다. 불안은 '성격'이 아니라 '상태'입니다. 바로 앞의 10분 미션에서 확인했듯이, 평온한 나와 불안한 나는 다른 사람입니다. 성격은 바꾸기 어렵지만, '7초 멈춤' 같은 작은 기술로 '상태'는 얼마든지 관리할 수 있습니다.

Q. 아이가 둘인데, 불안 수준이 다릅니다. 왜 그럴까요?

A. 매우 자연스러운 현상입니다. 아이마다 기질이 다르고, 부모와 맺는 관계의 결이 다르기 때문입니다. 혹은 부모인 나의 상태가 첫째 때와 둘째 때 달라졌을 수도 있습니다. 중요한 것은 '왜 다른가'가 아니라, '각 아이에게 지금 필요한 것이 무엇인가'입니다. (이 책의 2장에서 더 자세히 다뤄보겠습니다.)

2장

불안을 부추기는 착각 하나, '돈이 모든 것을 결정한다?'

부모님들 마음속 깊이 자리 잡은 세 가지 강력한 착각, 즉 세 가지 불안한 터가 있습니다. 바로 '금수저면 다 된다', '정보 많은 부모가 최고다', 그리고 '문제는 결국 아이에게 있다'는 믿음입니다. 지금부터 이 세 가지 착각의 실체를 차례로 하나씩 파헤쳐 보겠습니다. 왜 이것들이 '협력의 집'에 부적합한 터인지 함께 진단해 보겠습니다.

내가 금수저가 아니라서 아이가 불리하지 않을까

'내가 경제적으로 여유 있는 부모가 아니라서 우리 아이는 시작부터 불리한 건 아닐까' 하는 걱정, 상담 현장에서 이런 불안감을 토로하는 부모님을 정말 많이 만났습니다. 그런 걱정이 드는 건 어쩌면 당연합니다. 부모의 재력이 자녀의 학업 성취에 영향을 미친다는 통계도 차고 넘치니까요. 우리 사회에서 자녀 교육을 둘러싼 부모의 책임감은 끝없이 확장됩니다. 대학까지 학비는 물론, 취업 준비 기간의 생계비, 결혼 비용, 심지어 주택 구입까지도 부모의 몫으로 여겨집니다. 실제 조사에서 부모 10명 중 7명이 "자녀의 성공과 실패에 대해 부모의 책임이 있다"고 답했을 정도입니다.* 양소영 변호사의 세 자녀가 모두 서울대에 합격했을 때도 많은 분이 '역시 금수저'라고 수군거렸듯, 성공 배경에 경제력만이 작용하는 것처럼 보이는 현실에 냉소가 나오는 것도 충분히 이해합니다.

하지만 바로 이 지점에서 금수저 프레임이라는 강력한 렌즈는 성공 사례 이면에 숨겨진 진짜 교훈들을 가려 버립니다. 과도한 선행학습 대신 충분한 잠을 중요하게 여겼던 원칙, 워킹맘으로서 아이들의 자립심을 키우고자 했던 양소영 변호사의 노력은 '돈이 많으니까 가능했겠지'라는 단정 앞에서 너무 쉽게 힘을 잃어버립니다. 양 변호사도 아침 등굣길에 아이들에게 소리를 지르고는 운전석에서 '나는 왜 이렇게 미친년 같을까' 자책하며 운 적도 있다고 합니다. 나중에서야 아이 문제가 아니라 자신의 마음에 똬리를 튼 불안이 문제였음을 깨닫고, 그 불안을 다스리는 것이 양육의 첫걸음임을 알게 되었다고 합니다.

---

* 한국보건사회연구원이 2024년 7월 발간한 「초기 성인기의 부모-자녀 관계와 사회 계층적 차이」 보고서에 따르면 2024년 19-34세 자녀를 둔 45-69세 부모 1600명 응답자의 중 '자녀의 성공과 실패에 대해 부모 책임이 있다'는 데 '대체로 동의' 응답 비율이 58.1%, '매우 동의' 8.8%로, 합산 66.9%에 달했다.

풍요가 만든 황금 감옥, 돈이 많아도 아이는 병든다

금수저 프레임은 경제적으로 여유 있는 부모에게까지 위험한 착각을 심어 줍니다. 바로 '돈으로 아이의 성공을 살 수 있다'는 믿음입니다. 이 믿음은 부모의 숭고한 책임감을 어느 순간 불안으로 변질시킵니다. 내가 더 해주지 않으면 아이가 낙오할지 모른다는 두려움은 결국 부모 자신의 삶을 잠식하는 압박이 됩니다.

더욱 비극적인 것은, 부모의 풍요로운 지원과 노력이 반드시 아이를 행복하게 만들지는 않는다는 사실입니다. 미국의 심리학자 수니야 루타르Suniya Luthar 교수의 연구는 부유층 가정 청소년이 불안·우울·약물 문제에 더 취약할 수 있다는 사실을 보여준 바 있습니다. 부모의 과도한 성취 압박과 정서적 단절이 아이를 황금 감옥 속에 가둔다는 것입니다.

먼 나라 이야기가 아닙니다. 대한민국 교육 1번지 강남 3구(강남구, 송파구, 서초구)에 사는 9세 이하 아동의 2024년 우울·불안 진료 건수는 2020년 대비, 5년 만에 3배 이상 늘었습니다.* 이는 같은 기간 전국 평균 증가율(약 2배)을 크게 웃도는 수치입니다. 발달 단계에 맞지 않는 조기 교육, 과열된 경쟁, 물질적 풍요 속 정서적 결핍이 아이들을 병들게 하고 있습니다.

---

* 국회 교육위원회 소속 더불어민주당 진선미 의원이 건강보험심사평가원으로부터 받은 자료에 따르면, 2020년 1천37건에서 2024년 3천309건으로 청구 건수가 증가했다. 2024년 기준으로 송파구가 1천442건, 강남구 1천45건, 서초구 822건이다.

대치동 밤 10시, 불안의 온도 차이

금수저 프레임이 부모의 불안을 어떻게 증폭시키는지, 제가 대치동 학원가에서 목격했던 풍경을 통해 좀 더 생생하게 이야기해 드리겠습니다. 학원이 끝나는 시간이 되면 대치동 학원가는 아이를 데리러 온 부모들의 차로 불야성을 이룹니다. 값비싼 수입 세단에서 내린 아버지는 여유롭게 다음 방학 캠프를 고민하고, 오래된 국산 차에서 내린 어머니는 '우리 애만 뒤처지면 어떡하나' 하는 절박한 불안을 안고 아이를 기다립니다.

테헤란로를 사이에 두고 단독주택이 많은 테북(테헤란로 북쪽) 상류층과 아파트가 많은 테남(테헤란로 남쪽) 중산층이 있습니다. 이 두 부류의 부모님들이 학원 앞에서 매일 부딪히며 불안의 성질 차이를 그대로 드러냅니다. 상류층 부모의 불안은 더 나은 선택지를 놓칠까 봐 염려하는 선택의 불안입니다. 중산층 부모의 불안은 때로 생존에 가까운 공포, 즉 낙오 공포입니다.

대치동의 어느 유명 학원 원장은 오랜 경험으로 이 차이를 정확히 짚어냈습니다. "박 소장님, 환불 요청 들어오면 주소부터 보세요. 미도아파트면 며칠 끌어도 되지만, 은마아파트면 바로 해드려야 합니다." 당시 미도아파트는 자가 비율이 높고 은마아파트는 전세 비율이 높은 곳이었습니다. 경제적 여유의 차이가 불안의 성질마저 다르게 만드는 현실이었습니다.

비교의 거리 조절이 핵심입니다. 대치동 같은 치열한 경쟁 환경에서 중산층 부모는 상류층의 여유로운 선택지를 바로 옆에서 목격합니다. 우리 아이만 뒤처진다는 불안은 단순한 걱정을 넘어, 사회적 지위와 자존감까지 위협하는 실존적인 공포로 다가옵니다. 이 불안은 물리적 거리와 상관없이 스마트폰 속 단톡방을 타고 순식간에 전국으로 퍼져 나갑니다. 지방으로 귀농해 사는 부모님들마저 강남 친구의 한마디에 가슴이 철렁 내려앉습니다. "대치동은 벌써 이런 과목을 시작했대." 그 순간, 삶의 공간은 시골이지만 마음의 불안은 여전히 대치동에 머무릅니다.

부모의 시선을 마비시키는 금수저 프레임

여기서 주목해야 할 데이터가 있습니다. 국제학업성취도평가PISA 2022 결과 한국은, 부모의 직업·교육 수준·자산 등을 반영해 산출한 경제·사회·문화 지위지수가 학생들의 수학 성적에서 차지하는 영향력 비율이 12.6%로, OECD 평균인 15.5%보다 오히려 낮았습니다. 이것은 금수저 프레임에 반하는 증거입니다. 만약 한국의 자녀 교육에서 돈과 지위의 영향력이 다른 나라보다 상대적으로 약하다면, 다른 어떤 변수의 영향력이 그만큼 더 강하다고 해석할 수 있습니다. 저는 그 변수가 바로 집약형 양육 모델에 있다고 확신합니다. 한국의 특수한 아수라장 속에서는 부모의 불안 관리 방식이 자녀의 성취에 결정적인 영향을 미칠 수 있습니다.

경제적으로 부유하지만 파괴적인 통제 모델을 사용하는 부모가, 경제적으로는 덜 풍족하지만 지지적인 협력 모델을 사용하는 부모보다 아이에게 더 큰 해를 끼칠 수 있습니다. 부모의 경제력이 아이 성공을 좌우한다는 믿음, 금수저 프레임 자체가 부모의 불안을 증폭시키는 핵심 원인이 되기 때문입니다. 이 믿음은 우리의 시선을 통제 불가능한 외부 요인인 경제력에만 고정시킵니다. 그 결과, 통제할 수 있고 아이에게 가장 결정적인 영향을 미치는 내부 요인, 즉 '나 자신의 불안 관리'와 '아이와의 관계'를 놓치게 됩니다.

진짜 자본은 돈이 아니라 관계와 내면의 힘

아이에게 훨씬 직접적인 영향을 미치는 것은 부모의 말투, 표정, 감정 표현 같은 돈으로 살 수 없는 자산입니다. 아무리 비싼 과외를 시켜준들, 부모가 불안한 표정으로 "너 그러다 큰일 나!"라고 말하는 순간, 아이의 뇌는 이를 위협 신호로 받아들여 스트레스 호르몬을 분비하고 학습 동기를 잃습니다.

정서적 안정감, 지지적인 양육 태도, 자율성 지원, 그리고 무엇보다 부모-자녀 관계의 질, 이것들이야말로 우리가 집중해야 할 진짜 자본입니다. 우리는 아이에게 얼마를 썼는지는 기록하면서,

정작 아이 마음에 무엇을 쌓아주고 있는지는 놓치고 있는 건 아닐까요?

물론 경제적인 어려움이 그 자체로 큰 불안 요인이 된다는 사실을 부정하는 것은 아닙니다. 남들 다 보내는 학원 하나 더 못 보내 주는 미안함, 더 좋은 환경을 제공해 주지 못한다는 죄책감은 부모 마음을 끊임없이 흔듭니다. 하지만 제가 상담 현장에서 수없이 확인한 것은 경제적 여유가 성공을 보장하지도, 경제적 어려움이 반드시 실패를 의미하지도 않는다는 사실입니다.

결핍이 주는 의외의 선물

오히려 물질적 풍요가 아이의 성장을 가로막는 경우도 많습니다. 아이의 창의력을 키워 주겠다며 값비싼 해외 교구와 과학 실험 키트를 방 안 가득 채운 아버지가 있었습니다. 하지만 아이는 얼마 지나지 않아 모든 것에 흥미를 잃었습니다. 아이에게는 스스로 무언가를 탐색하고 만들어 볼 '결핍'의 공간이 없었던 것입니다. 모든 것이 완벽하게 준비된 환경 속에서 아이는 숨이 막혔고, 스스로 균형 잡을 기회를 잃었습니다. 심리학자 알프레드 아들러Alfred Adler는 모든 것이 즉각 충족되는 환경은 아이의 용기와 도전정신을 꺾는다고 말했습니다.

자신의 힘으로 어려움을 이겨 낸 숙달 경험, 여기서 아이의 자기

효능감이 자라납니다. 부모가 길을 다 닦아 주면 아이는 '나는 혼자서는 못한다'는 무력감을 학습합니다. 반대로 결핍은 때때로 아이를 더 단단하게 만듭니다. 장난감이 부족하면 주변 사물을 가지고 새로운 놀이를 만듭니다. 심심함은 상상력을 깨웁니다. 시간이나 자원이 제한될 때, 오히려 뇌는 관습을 벗어나 더 창의적인 해결책을 찾습니다. 적절한 결핍은 자립심, 창의력, 감사하는 마음을 길러주는 최고의 자원일 수 있습니다.

물론 여기서 말하는 결핍은 박탈이 아닙니다. 결핍은 기본적인 사랑과 안전을 위협하는 박탈과 다릅니다. 완벽히 준비된 길 대신, 부모의 지지와 돌봄이 보장된 상태에서 스스로 부딪히고 시행착오를 겪는 과정을 통해 아이는 문제 해결 능력을 얻습니다. 만족을 기다리는 힘을 배웁니다. '나는 할 수 있다'는 믿음을 얻습니다.

제가 대치동에서 만난 '진짜 고수' 부모님들 중에는 오히려 경제적으로 넉넉하지 않은 분들이 많았습니다. 그분들은 통제할 수 없는 외부 조건(돈)에 연연하기보다, 통제할 수 있는 내부 조건(아이와의 관계, 학습 습관, 정서적 지지)에 집중하는 지혜를 가지고 있었습니다. 어쩌면 자원이 부족하다는 현실이 부모를 더 신중하게 만들고, 비싼 학원 같은 외부 자원에 의존하기보다 아이와의 관계, 정서적 지지, 기본적인 학습 습관 같은 내부 자원에 집중하게 만드는 역설적인 기회가 될 수도 있습니다. 자원이 많을수록 오히려 과도한 개입(집약형 모델)의 유혹에 빠져 아이의 자율성을 질식시킬 위험도 커지니까요.

불안 관리 능력과 흔들리지 않는 원칙

결국 승부수는 돈의 많고 적음이 아니라, 그 자원을 어떤 방향으로 사용할지 결정하는 부모의 불안 관리 능력과 흔들리지 않는 원칙에 있습니다. 바로 이 지점에서 상류층과 중산층 자녀 교육 성패를 가르는 결정적 차이를 발견합니다. 상류층 부모가 유리해 보이는 이유는 경제력 자체가 아니라, 경제적 여유가 부모를 '덜 불안한 상태'로 만들어 줄 가능성이 높기 때문입니다. 불안감이 적은 부모는 불안 해소를 위해 돈을 맹목적으로 쓰는 대신, 아이의 실제 필요에 맞춰 자원을 활용하는 선택을 할 가능성이 커집니다.

반대로 중산층 부모가 실패할 확률이 높은 이유도 바로 불안 때문입니다. 제한된 자원으로 최대 효과를 내야 한다는 압박감이 부모를 더욱 불안하게 만들고, 그 불안은 결국 아이를 다그치는 집약형 모델로 이어지기 쉽습니다. 최악의 선택은 상류층을 따라 경제력 싸움에 뛰어들어 스스로를 더 깊은 불안의 늪으로 밀어 넣는 것입니다. 돈의 방향을 부모의 불안이 결정하면 독이 될 뿐이라는 사실을 반드시 기억해야 합니다.

돈 때문에 불안에 휩싸여 아이를 닦달하는 부모가 될 것인가, 아니면 그럴수록 아이와의 관계라는 핵심 자본에 집중하는 지혜로운 부모가 될 것인가? 그 선택이 아이의 미래를 가를 것입니다. 우리는 아이의 통장을 채워주는 데는 열심입니다. 하지만 아이의 마음속에 회복탄력성과 자신감을 채워주는 데는 무심합니다. 부모가 물려줄 수 있는 가장 값진 유산은 무엇이든 해줄 수 있는 물질적 능력이 아닙니다. '너 스스로 해낼 수 있다'고 믿는 것입니다.

3장

불안을 부추기는 착각 둘,
'나는 저렇게 똑똑한 부모가 아닌데'

양소영 변호사의 성공 스토리를 들으면서 이런 생각, 슬쩍 해보진 않으셨나요? '양소영 변호사는 똑똑하니까… 나는 평범한데, 저렇게 할 수 있을까?' 바로 이 '잘난 부모 프레임'이 금수저 프레임만큼이나 우리 마음을 위축시키는 또 다른 그림자입니다. 부모의 학벌이나 직업, 정보력이 아이 성공의 열쇠라고 믿는 이 생각이 성공의 본질을 가립니다.

잘난 부모 프레임을 깨고 내 아이 전문가로 서기

상담실에서 만나는 많은 부모님이 이 프레임 앞에서 작아지곤 합니다. "솔직히 저도 알아요. 그런데 그분은 어려운 고시도 합격하고 똑똑하시잖아요. 그런데 저는…" 하고 말끝을 흐릴 때, 저는 부모의 스펙이 어떻게 아이와의 관계, 부모의 원칙을 가리는지 생생히 목격합니다. 이 프레임의 가장 큰 문제는, 스스로 평범하다고 느끼는 부모님께 열등감과 죄책감을 안겨준다는 점입니다. '내 정보력이 부족해서 우리 아이 중학교 선택부터 꼬이면 어떡하지?', '옆집 아이는 벌써 저 학원 ○레벨이라는데, 우리 애만 뒤처지면 내 탓 아닐까?' 하는 자책감에 시달리게 하죠.

1장에서 불안이 우리를 아이의 성적 관리자로 만든다고 말씀드렸지요? 잘난 부모 프레임은 한 단계 더 나아가, 우리를 집약형 모델의 충실한 정보 관리자로 변질시킵니다. 아이의 마음을 들여다보는 대신, 외부 정보(맘카페 후기, 학원 설명회 자료, 전문가 조언)에 의존해서 나의 불안을 잠재우고 아이를 통제하려는 시도가 시작됩니다. 수학 선행은 어디까지 빼야 하는지, 어느 학원 시스템이 더 효율적인지 정보를 모으는 데 열중하는 사이, 정작 내 아이가 지금 어떤 과목, 어떤 단원에서 어려움을 느끼는지, 어제저녁 왜 그렇게 숙제하기 싫어했는지, 그 진짜 속마음은 놓치게 됩니다. 부모의 계획표는 점점 더 빽빽해지지만 아이의 표정은 점점 더 희미해지는 안타까운 상황이 벌어지는 겁니다.

그래서 이번에는 부모의 스펙이나 정보의 양이 아니라 내 아이에게 얼마나 깊이 집중하고 있는가가 성공적인 부모 역할의 핵심임을 함께 확인해 보려 합니다. 외부의 소음 대신 당신 안에 이미 존재하는 내 아이 전문가로서의 지혜를 믿을 때, 비로소 협력의 집을 지을 단단한 땅이 드러날 테니까요.

잘난 부모는 왜 아이를 더 쉽게 망치는가?

흔히들 생각합니다. 정보력이 뛰어난 부모가 아이를 더 잘 키울 거라고요. 하지만 현장에서 목격한 현실은 종종 정반대였습니다. 오히려 똑똑하고 정보에 밝은 부모일수록 아이를 더 쉽게 망가뜨리는 경우가 많았습니다. 왜 그럴까요?

정보 수집과 분석에 능숙한 부모님들은 세상의 목소리에 더 민감하게 반응하며 아이를 통제하려는 경향이 있습니다. 사춘기 자녀의 반항에 대한 전문가들의 상반된 조언 사이에서 길을 잃거나, 온라인 후기에 의존해 최적의 학원을 선택해야 한다는 압박감에 시달리죠. 결국 아이의 삶을 완벽하게 관리하려는 집약형 모델의 충실한 정보 관리자가 되기 쉽습니다.

부모님들을 정보력 수준에 따라 세 유형으로 한번 나눠 보겠습니다. 물론 이 분류가 절대적인 기준이 아니고, 부모님들을 평가하려는 의도 또한 전혀 없습니다. 다만 우리가 정보의 홍수 속에서 어떤 모습에 가까워지고 있는지 스스로를 돌아보는 기회가 되었으면 합니다.

1. 정보력 하수 유형

주변 이야기에 굉장히 민감하고, 새로운 정보라면 일단 맹목적으로 좇는 경향이 있습니다. 맘카페에서 ○○학원 레벨 테스트 후기를 밤새 읽지만, 정작 아이가 어제 수학 숙제를 왜 못 끝냈는지는 모르는 경우가 많습니다. 머릿속에는 온갖 외부 정보가 가득하지만, 가장 중요한 내 아이에 대한 정보(아이가 어떤 수업을 힘들어하는지, 어떤 칭찬에 어깨를 으쓱하는지)는 부족한 상태죠. 아이에게는 별 도움이 안 되는 정보들만 쌓아두는 셈입니다. 제가 만난 많은 부모님이 안타깝게도 이 범주에 속하곤 합니다.

2. 정보력 중수 유형

외부 정보를 철저하게 수집하고 분석해서, 심지어 초등 시절에 대입까지의 로드맵을 아주 촘촘하게 세우는 유형입니다. 겉보기에는 가장 유능하고 준비된 부모처럼 보이지만, 사실상 가장 위험할 수 있습니다. 왜냐하면 부모의 빛나는 정보력 그늘 아래서 아이의 자율성이 서서히 질식해 가기 때문입니다.

여름방학 특강 시간표를 짜 주고, 아이가 직접 문제집을 고를 기회조차 주지 않는 경우가 많죠. 아이는 엄마가 짜 놓은 완벽한 시간표대로 움직이며 엄마의 정보력을 입증하는 실험 대상 신세가 되고, 결국 부모의 관리 없이는 숙제 시작조차 어려워하는 수동적인 학습자로 전락합니다. 뒤늦게 아이의 텅 빈 눈빛을 마주하고 무언가 잘못됐음을 깨달은 부모님들은, 다시 정보력을 총동원해 심리 상담이니 동기부여 코칭이니 하는 또 다른 해결책을 찾아 헤맵니다.

안타깝게도 정보력 중수 유형 부모님 중에 운 좋게 성공한 소수의 사례만 부풀려져 퍼져 나가고, 이를 들은 하수 유형 부모님들은 더욱 불안해져 정보력 경쟁에 무작정 뛰어드는 악순환이 반복됩니다. 이 지점에서 불안과 조급함을 먹고 자라는 것이 바로 현대의 거대한 부모 산업입니다. 서점에는 온갖 지침서가 넘쳐나고, SNS에는 완벽해 보이는 성공 사례나 자기주도학습 루틴 같은 것들이 끊임없이 전시됩니다. 사교육 업체들은 '지금 안 하면 뒤처진다'는 공포 마케팅으로 불안을 끊임없이 자극하죠.

학생 수는 줄어드는데 사교육 시장은 왜 계속 커질까요? 학생의 실제 필요가 아니라, 부모의 불안을 자극하기 때문입니다. 특히 최상위권 학생들의 엄청난 사교육비 지출은 1등 자리를 지키기 위한 군비 경쟁 성격이 짙습니다. 아무리 교육적으로 포장해도 본질은 불안 해소제를 파는 비즈니스인 셈이죠. 결국 잘난 부모의 정보력이 오히려 아이를 제대로 보지 못하게 만들고, 부모 산업의 좋은 먹잇감이 되게 하는 안타까운 경우를 수없이 목격했습니다.

3. 정보력 고수 유형

현장에서 만난 진정한 고수들은 외부 정보를 줄줄 꿰는 분들이 아니었습니다. 대신 내 아이의 목소리와 반짝임을 누구보다 잘 아는 경우였습니다. 상담 현장에서 만났던 한 어머니의 이야기를 소개합니다. 아이의 대학 진학 문제로 찾아오셨는데, 잔뜩 주눅 든 표정으로 제게 내민 것은 화려한 컨설팅 자료가 아니라 아이가 직접 빼곡하게 적은 질문지였습니다. 아이 스스로 지망하는 분야와 궁금한 점까지 정리해 온 상태였습니다.

바로 그 순간, 저는 진짜 정보력을 보았습니다. 그것은 학원 설명회 자료집 속에 있는 것이 아니라 아이의 주도성과 그것을 믿고 지지하는 부모의 태도에 있었습니다. 저는 어머님께 딱 필요한 정보만 간결히 설명했고, 복잡한 부분은 아이와 직접 소통하며 풀어 갔습니다. 정보는 부모 머릿속에 쌓이는 것이 아니라, 아이의 필요와 만날 때 진짜 힘을 발휘합니다.

여기서 역설이 드러납니다. 외부 정보에 그다지 밝지 않거나 스스로 부족한 부모라고 느끼는 분들이 아이 자체에 더 깊이 집중하고, 아이의 자율성을 존중하며, 섣부른 개입을 덜 할 가능성이 높다는 사실입니다. 섣부른 개입을 하지 않으니 아이는 스스로 시행착오를 겪으며 성장할 기회를 더 많이 갖습니다. 부모가 자신의 부족함을 아는 것이, 아이를 제대로 보게 만드는 힘이 될 수 있다는 겁니다.

양소영 변호사 역시 워킹맘으로서 모든 것을 완벽하게 챙겨 주지 못하는 현실을 솔직하게 인정했습니다. 오히려 그 한계를 아이들의 자립심을 키우는 방향으로 활용했습니다. 엄마표 영어를 따라 하지 못한 자신을 탓하기도 했지만, 어쩌면 그 부족함이 아이들이 자신의 진짜 관심사를 찾도록 돕는 결정적인 계기가 되었을

지도 모릅니다.

현장에서 만난 또 다른 흥미로운 사실 중 하나는, 뛰어난 성과를 내는 아이들의 부모님 중 유독 "저는 해준 게 아무것도 없어서 늘 아이에게 미안해요"라고 말씀하시는 분들이 많았다는 점입니다. 한 우등생의 어머님도 그러셨죠. 주변 엄마들과의 교류가 적고 소위 고급 정보에는 별 관심이 없는 대신 아이와 깊이 연결되어 있었습니다. 더할 나위 없이 훌륭한 어머님이신데 다른 부모들과 자신을 비교하며 '나는 부족한 엄마'라고 여기고 계셨던 겁니다. 부족함에 대한 인식이 역설적으로 아이에게 가장 필요한 정서적 지지와 자율성 존중을 충분히 주는, 진짜 고수 부모로 만들었던 것입니다. 내 아이를 꾸준히 관찰한 노트 한 줄이 맘카페 백과사전보다 훨씬 더 강력합니다.

소음에 귀 기울이고 있는 건 아닌가요?

아이를 키우면서 어떤 목소리에 가장 귀를 기울이고 있나요? 우리가 정보를 얻고 아이를 키우는 방식을 결정할 때, 영향을 미치는 목소리가 세 가지 있습니다.

1. 세상의 가짜 목소리
옆집 엄마의 귓속말, 학원 설명회의 불안 마케팅("지금 안 하면 큰일

나요!"), 인터넷 커뮤니티의 간증 글("우리 애는 이렇게 해서 성공했어요!") 같은 외부의 소리입니다. '누구는 벌써 고등 수학까지 선행 끝냈다는데…', '그 학원은 뭔가 특별하다던데…' 같은 이야기에 마음을 뺏겨 정작 내 아이의 상태는 제대로 살피지 않고 일단 레벨 테스트부터 예약하게 만들죠. 지루함이나 좌절감 같은 아이의 표정이 말하는 정보보다는, 흔들리는 부모의 불안을 잠재우는 정보를 모읍니다. 부모 산업이 만들어 내는 가짜 수요의 근원이 바로 이 목소리입니다.

2. 내 좌절된 욕망의 목소리

주로 부모 자신의 과거 경험, 특히 채워지지 않았던 욕망에서 비롯되는 목소리입니다. 어릴 때 이루지 못했던 꿈이나 '그때 우리 부모님이 조금만 더 밀어줬더라면…' 하는 아쉬움이 아이를 통해 부활합니다. 이런 부모님의 정보망은 명문대 진학이나 특정 직업 등 자신의 좌절된 욕망이 이끄는 쪽으로 레이더를 세웁니다. 아이는 부모의 못다 이룬 꿈을 대신 실현해 줄 대리인이 되고, 부모의 정보력은 그 꿈을 향한 채찍이 되기 쉽습니다.

3. 마침내, 아이의 목소리

세상의 소음과 내면의 욕심을 잠시 차단하고, 아이의 목소리를 듣는 정보력입니다. 밤새 무언가를 조립하는 아이, 특정 분야 책만 파고드는 아이, 어느 유튜버 영상에 푹 빠진 아이도 있지요. 양소영 변호사가 아이들 각자의 관심사(메이크업, 레고 등)를 존중하고 지원했던 것이 바로 목소리에 귀 기울인 전형적인 모습입니다. 아이가 무엇에 흥미를 느끼는지, 어떤 방식으로 배울 때 가장 즐거워하는지, 지금 무엇을 힘들어하는지 관찰하는 것이야말로 진정한 정보력 고수되기의 시작입니다. 아이의 목소리에서 출발하는 정보력이야말로 우리를 협력형 부모 모델의 길로 안내합니다.

정보 전쟁의 신기루, 우리가 좇고 있던 허상들

세상의 목소리에 휩쓸리다 보면, 우리는 종종 실체가 없는 신기루를 좇게 됩니다. 현장에서 목격했던, 부모님을 불안하게 하고 헛된 노력을 하게 만드는 정보 전쟁의 신기루 세 가지가 있습니다.

1. 레벨업의 환상

대치동 정보력의 허상이 바로 '레벨업'입니다. 한 유튜브 채널에 나온 대치동 수학학원 원장의 솔직한 고백*은 정말 뼈아팠습니다. "애가 기본 과정을 잘 몰라요. 그래도 무조건 레벨업을 시켜서 다음 반복 학습에는 실력 과정으로 넘어갑니다. 왜냐하면… 똑같은

---

* 유튜브 채널 '교육대기자TV'에서 2020년 6월 18일 게시한 동영상 〈대치동 유명 학원장 양심고백, 선행학습 실상은 이렇다!〉.

과정을 또 나간다고 하면 우선 엄마들이 너무 싫어해요. 참고서를 딱 바꿔주면… 엄마들은 거기에 만족을 하거든요. '아, 우리 아이가 그만큼 레벨이 올라갔구나'라고 생각하는데, 책만 바뀐 거지 레벨은 전혀 올라가지 않습니다."

부모님들, 정말 공감되지 않으신가요? 학원에서 교재 레벨이 올라가면, 뭔가 발전하고 있다는 안도감이 들죠. 레벨업 된 교재 표지는 달콤하지만, 아이의 연필 끝은 여전히 같은 자리를 맴돌고 있을 수 있습니다. 부모의 시선이 학원 유명세나 반 레벨 같은 외적인 것에 쏠리는 순간, 정작 중요한 아이의 표정, 즉 이해가 멈춘 부분과 진도에 허덕이는 어려움은 시야에서 사라집니다. 레벨업 환상 대신 아이가 현재 내용을 얼마나 소화하고 있는지 확인하고, 필요하다면 과감히 후행 학습을 선택하는 용기도 필요합니다.

2. 정보 설명회 앞자리

강남구청 인터넷수능방송 대표강사로 입시설명회 단상에 설 때마다 늘 마주했던 풍경입니다. 최상위권 대학 입시 전형을 설명하면 많은 부모님이 마치 자녀가 모두 SKY 대학에 갈 수 있다는 듯 제 말 한마디 한마디에 고개를 끄덕이고 카메라 셔터를 눌렀죠. 특히 앞자리에 앉은 분들의 열성은 정말 대단했습니다. 설명회가 끝나고 개별로 찾아오신 분들께 저는 늘 같은 질문을 드렸습니다. "오늘 얻으신 그 많은 정보 중에서, 정말 우리 아이에게 딱 맞는 것만 골라내실 수 있으시겠어요? 집에 가서서 아이 눈높이에 맞춰 설명해 주시고, 아이가 그 전략대로 잘 실천할 수 있을까요?" 자신 있게 "네!"라고 답하는 분은 거의 없었습니다. 대부분 망치로 뒤통수라도 맞은 듯 멍한 표정을 짓다가 힘없이 돌아섰죠.

그 순간 깨닫게 되는 겁니다. 설명회까지 찾아와 애써 모은 그 많은 정보가 내 아이를 위한 것이 아니라, 나의 불안을 잠재우기 위한 것이었을 수 있다는 사실을요. 설명회 정보는 부모의 불안을 잠시 달래줄지는 몰라도, 아이의 실행력으로 번역되지 않으면 아무 소용이 없습니다.

3. 엄마표 성공담의 이면

비상교육 공부연구소 소장 시절, 엄마표 영어 관련 네이버 카페 운영자들과 간담회를 연 적이 있습니다. 저는 이미 엄마표가 가진 그늘을 어느 정도 알고 있었습니다. 학부모 강연회가 끝나면 마지막까지 남아서 "엄마표로 하다가 아이랑 사이만 나빠졌어요." 하고 조심스럽게 후유증을 털어놓으시는 분들이 많았기 때문입니다.

엄마표의 민낯은 간담회 자리에서 더 충격적으로 드러났습니다. 유명 카페 운영자들이 고백한 내용은 정말 놀라웠습니다. 그들이 카페에 자랑스럽게 올리는 성공 사례의 주인공이 자신의 실제 아이가 아닌 아바타라는 사실이었습니다! 아이가 자라면서 더 이상 엄마가 시키는 대로 따라 하지 않게 되자 자랑할 만한 결과물을 카페에 올릴 수가 없게 됐고 결국 가상의 아이를 내세워 계속해서 꾸며내고 있었던 겁니다.

도덕적인 죄의식은 가지고 있었지만, 수천 명이 넘는 카페 회원들의 기대를 저버릴 수 없었다고 토로했습니다. 이야기를 들으며 그들의 고뇌를 이해하면서도, 조작된 성공담 때문에 얼마나 많은 부모들이 스스로를 탓하며 아이와 싸우고 있을까 하는 생각에 마음이 너무 무거웠습니다. 아이의 자아가 싹트면서 엄마의 무리한 요구를 밀어내는 것은 지극히 당연한 일인데, 우리 사회는 그것을 마치 엄마의 실패처럼 여기는 것 같아 정말 화가 났습니다.

기억해 주세요. 옆집 아이의 성공 사례가 내 아이의 정답이 될 수도 없고, 되어서도 안 됩니다. 아이가 엄마의 계획에 저항하는 것은 실패의 증거가 아니라, '나만의 길을 가고 싶어요!'라고 외치는 건강한 성장의 신호일 수 있습니다.

왜 전문가가 많을수록 부모는 더 불안한가?

"소장님, 오은영 박사님은 이렇게 하라는데, 다른 전문가는 또 다르게 말씀하시네요. 도대체 누구 말이 맞는 거죠?" 사춘기 자녀의 스마트폰 사용 문제, 학습 태도 문제에 전문가마다 다른 해법을 내놓을 때 우리는 혼란에 빠집니다. '더 노력하라'는 목소리와 '마음을 내려놓으라'는 목소리 사이에서 길을 잃기 십상이죠. 전문가와 정보는 넘쳐나는데, 왜 부모님들은 점점 더 불안해지고 자신감을 잃어가는 걸까요? 저는 이 혼란의 근본 원인이 단순히 정보가 많아서가 아니라, 전문가 중심의 양육 환경이 부모님 고유의 자신감을 체계적으로 잠식하기 때문이라고 판단합니다.

언젠가부터 아이의 모든 행동(집중력 부족, 친구와의 잦은 다툼 등)이 전문가의 진단이 필요한 증상처럼 여겨지기 시작했습니다. 그러면서 부모는 자녀를 가장 잘 아는 주체에서 전문가의 진단과 처방을 따라 수행하는 기술자로 전락합니다. 아이 문제 앞에서 '내가 뭘 잘못했나?' 자책하고, '전문가가 시키는 대로 해야지' 하며 자신의 판단을 불신합니다. 이것이 양육 효능감의 붕괴로 이어집니다.

양육 효능감이란 심리학자 앨버트 반두라Albert Bandura가 제시한 자기 효능감 개념을 부모 역할에 적용한 것입니다. 쉽게 말해, 부모로서 아이를 잘 키울 수 있다고 스스로 믿는 정도를 의미합니다. 이 효능감은 단순히 '나는 좋은 부모'라고 생각하는 것 이상입니다. 실제 양육 상황에서 부모가 얼마나 자신감을 가지고 긍정적으로 대처하며, 어려움(아이의 학습 부진, 반항 등) 앞에서도 쉽게 포기하지 않는지를 결정하는 핵심 동력입니다. 양육 효능감을 높이는 가장 강력한 원천은 성취 경험입니다. 양육에서 성공했던 작은 경험들, 예를 들어 아이의 문제 행동을 성공적으로 지도했던 기억, 아이와 갈등 없이 숙제를 마무리했던 일 등이 쌓이면 효능감이 쑥쑥 자랍니다.

집약형 양육 모델이 가진 또 다른 교묘한 함정이 이제 보이시나요? 이 모델은 부모를 관리자 역할에 가두기 때문에, 끊임없이 외부 전문가의 관리 기술에 의존하게 되고 그 결과 내 아이에 대한 고유한 전문가로서의 자신감, 즉 양육 효능감을 잃게 만듭니다. 어쩌면 현대 양육 환경 자체가 부모가 스스로를 믿는 능력을 파괴하도록 설계된 건 아닐까 하는 생각마저 듭니다.

당신이 바로 내 아이의 최고 전문가입니다

협력형 부모 모델은 집약형 양육 모델과 정반대의 길을 갑니다. 부모를 아이의 유일무이한 최고 전문가로, 아이와의 관계를 세상 그 어떤 정보보다 중요한 최고의 정보원으로 복권하는 것이죠.

양소영 변호사 역시 외부 정보(영재 교육서, 명문가 교육법, 학원 설명회)를 접했지만, 결국 '아이들과는 맞지 않는다'는 결론을 내렸습니다. 불안과 조급증만 남기는 엄마 모임을 그만두고, 포모 증후군을 부추기는 학원에는 아이를 보내지 않았죠. 외부의 소음 속에서 길을 잃기 전에, 시선을 돌려 아이의 반짝임을 보기로 한 용기 있는 선택이었습니다. 정보 경쟁 환경에서 느끼기 쉬운 열등감을 극복하고 내 아이의 전문가로서 자신감을 회복한 결과입니다.

아이에게 유일한 부모로서 아이 곁에 서 있는 것만으로도 이미 충분합니다. 아이의 기준에서 아이가 원하는 것, 지금 필요한 것을 아이의 속도에 맞게 제공할 수 있는 능력은 오직 부모에게만 있습니다. 힘겨운 관리자 역할을 이제 내려놓으십시오. 대신 협력형 모델로 전환하여 아이 옆에 서서 함께 걸어가 보세요. 당신 안에 이미 존재하는 '내 아이의 최고 전문가'로서의 지혜와 힘을 분명 발견하게 될 것입니다.

이제 머리로 이해한 것을 넘어, 우리 마음과 행동으로 옮기는 작은 연습을 시작할 시간입니다. 이 실천 도구가 부모님 안의 진짜 전문가를 깨우고, 아이와의 관계를 더욱 단단하게 만드는 데 도움이 되기를 진심으로 바랍니다.

"아이가 무엇에 흥미를 느끼는지, 어떤 방식으로 배울 때 가장 즐거워하는지, 지금 무엇을 힘들어하는지 관찰하는 것이야말로 진정한 정보력 고수되기의 시작입니다. 아이의 목소리에서 출발하는 정보력이야말로 우리를 협력형 부모 모델의 길로 안내합니다."

한눈에 비교하기

	정보력 하수/중수 (집약형 관리자/판사)	정보력 고수 (협력형 파트너/지지자)
정보의 시작	세상의 가짜 목소리, 내 좌절된 욕망의 목소리 (불안, 욕망, 가짜 수요)	아이의 목소리 (관심, 상태, 반짝임, 진짜 필요)
부모 역할	관리자, 통제관, 판사	협력자, 지원자, 안전 기지
아이 역할	부모 정보력에 휘둘림, 문제아	정보 탐색/결정의 주도자, 어려움 직접 겪는 존재
결과	자발성 질식, 관계 파괴, 부모와 아이 모두 소진	자발성 성장, 관계 회복, 부모와 아이 모두 효능감 상승

자가 진단 체크리스트

□ 입시·교육 관련 뉴스만 보면 이유 없이 마음이 불안해진다.

□ 우리 아이보다 '요즘 대세·필수 코스'에 더 신경이 쓰인다.

□ 다른 부모들의 의견이 내 판단을 자주 흔든다.

□ 맘카페나 SNS를 보고 나면 오히려 더 불안해진다.

□ 설명회·후기만 보고도 급하게 결정한 적이 있다.

□ 아이와 대화하거나 관찰하는 시간보다 정보를 검색하는 시간이 더 많다.

□ '정보 부족이 우리 아이를 뒤처지게 할까?' 하는 걱정을 자주 한다.

여기에서 세 개 이상 해당한다면, 당신은 가짜 정보에 이끌리고 있을지 모릅니다.
지금부터 내 아이만을 위한 진짜 정보 전문가가 되기 위한 첫걸음을 시작하세요.

 나는 내 아이 전문가! 효능감 충전 실험

딱 10분만, 내 아이 전문가로서의 자신감, 양육 효능감을 충전하는 실험을 해 보는 건 어떨까요? 작은 성공 경험이 쌓이면 외부 전문가의 조언에 휘둘리지 않는 힘이 생깁니다.

1. 문제 상황을 도움이 필요한 순간으로 이름 바꾸기

- 아이가 매일 힘들어하는 반복적인 상황(아침 등교 준비 지연, 숙제 시작 미루기, 스마트폰 그만두기 어려움 등)을 떠올립니다.
- 그 상황을 아이가 문제를 일으키는 시간이 아니라, 부모의 도움이 필요한 순간이라고 관점을 바꾸어 마음속으로 되뇌거나 적어봅니다.
- "또 숙제 안 하고 딴짓하네"를 "숙제를 시작하기 위해 도움이 필요한 순간이구나"로 바꿔 생각합니다.

2. 지시 대신 필요를 묻기

- 도움이 필요한 순간이 오면, 평소처럼 "빨리 숙제해!", "핸드폰 그만해!"라고 지시하는 대신, 아이의 필요를 묻습니다.
- "혼자 숙제 바로 시작하기 막막하게 느껴질 때가 있지. 혹시 시작할 때 엄마가 딱 5분만 옆에 같이 있어 줄까? 아니면 뭐부터 할지 같이 정해볼까?"
- "이제 그만할 시간인데, 많이 아쉽지? 혹시 5분만 더 하고 스스로 끌 수 있을까? 아니면 엄마랑 같이 끌까?"

3. (합리적 범위 내의) 아이 요청을 판단 없이 수용하고 반응 관찰하기

- 아이가 뜻밖의 요청을 하더라도 일단 판단('쟤는 왜 스스로 못해?', '또 약속 안 지키겠지')을 멈추고 수용하는 것이 핵심입니다.
- 아이는 '내 의견이 존중 받았다'는 느낌만으로도 행동 변화를 보이기 시작합니다. 부모는 이때 아이의 표정, 말투가 어떻게 변하는지 관찰자가 되어 지켜봅니다. (이 작은 성공이 바로 당신의 '성취 경험'이 됩니다!)

4. 잠들기 전, 긍정적 경험에 이름 붙여주기

- 하루를 마무리하며, 아이에게 오늘 있었던 긍정적 상호작용에 대해 구체적으로 이야기해 줍니다. 아이뿐 아니라 부모 자신의 효능감을 충전하는 과정입니다.
- "아들, 오늘 네가 '5분만 옆에 있어 주세요.'라고 딱 짚어 말해줘서 엄마 정말 좋았어. 네 덕분에 우리 저녁 시간이 훨씬 평화로웠던 것 같아. 너도 스스로 시작하는 힘이 있다는 걸 엄마가 봤어. 고마워."
- "딸, 아까 스마트폰 5분 더 하고 스스로 끄는 모습, 정말 멋졌어. 약속 지키려고 노력하는 모습에 엄마도 기분이 좋았어. 너 스스로 조절할 수 있다는 걸 보여줘서 고마워."

이런 작은 성공을 꾸준히 모아 보세요. 당신 안의 '내 아이 전문가'가 깨어나는 소리가 들릴 것입니다.

FAQ

Q. 아이에게 물어봐도 "몰라요", "됐어요"라고만 합니다. 어떻게 하죠?

A. 이미 아이가 마음의 문을 닫았다는 신호일 수 있습니다. 이럴 땐 2단계 질문이 아니라 3단계 판단 없이 수용하기를 먼저 해 보세요. 질문 없이 그냥 아이 옆에 조용히 앉거나("힘들어 보이네. 엄마가 잠깐 옆에 있어 줄까?"), 아이가 좋아하는 간식을 말 없이 건네는 행동이 필요할 수 있습니다. 관계가 먼저 회복되어야 대화도 가능합니다. (이 행동은 4장에서 더 자세히 다룹니다.)

Q. 그래도 정보가 중요한 건 사실이잖아요. 불안한 걸 어떡하나요?

A. 맞습니다. 정보는 중요합니다. 하지만 이미 확인했듯이 정보의 양이 아니라 정보의 방향(아이의 목소리)이 중요합니다. 오늘 〈10분 미션〉에서 내 아이에게 집중하는 작은 성공을 경험했다면, 그것이 바로 가짜 수요(외부 정보 의존)에서 벗어나 진짜 정보(아이 관찰)를 얻는 첫걸음입니다. 불안이 줄어들지 않는다면, 1장에서 소개한 '7초 멈춤'부터 다시 시작해 보세요. 불안 관리 능력을 키우는 것이 정보 탐색보다 우선입니다.

4장

'잘난 아이'라는 늪지대,
아이 탓으로 돌리는 위험한 착각

이제 마지막으로, 가장 위험한 땅인 '잘난 아이'라는 늪지대를 마주하려 합니다. 상담 현장에서 이런 말을 자주 듣습니다. "소장님, 교육도 받고 책도 보면서 다 해 봤는데… 이상하게 우리 애한테만은 잘 안 먹혀요." 우리 사회에는 아이를 정해진 기준에 맞춰 재단하는 암묵적인 성공 공식들이 분명 존재합니다. 하지만 공식대로 되지 않는 순간, 화살은 언제나 같은 곳을 향합니다. "다른 애들은 곧잘 한다는데… 왜 너는 쟤들처럼 못 해!"

잘난 아이 껍데기 벗기기

잘난 아이 프레임의 가장 위험한 지점은 아이를 둘러싼 우리 사회의 많은 문제를 단순하게 아이 개인의 결함으로 오해한다는 데 있습니다. '나는 최선을 다했다'고 확신하며 부모는 스스로를 방어하고, 실패의 이유를 아이의 의지나 노력 탓으로 돌리는 늪에 빠집니다. 하지만 과학이 말하는 현실은 다릅니다. 아이마다 발달 시계가 다르다는 것, 그리고 그 시계를 감싸는 환경과의 조화 적합성(고유한 기질과 환경의 요구가 잘 들어맞는 정도)이 맞아야 비로소 속도가 난다는 것입니다. 아이가 느린 것이 아니라 다를 뿐인데 우리는 그 다름을 지연으로, 곧 결함으로 오해하고 있습니다.

어항에 빗대 보겠습니다. 어항이란 우리가 통제할 수 있는 작은 환경, 즉 우리 집을 의미합니다. 대한민국 교육 시스템이라는 거대한 바다를 당장 바꿀 수는 없지만, 내 아이가 사는 어항의 물을 갈아주는 것은 오직 부모만이 할 수 있는 일입니다. 아이의 성장에는 정해진 속도가 없습니다. 어떤 아이는 일찍 글자를 터득하고, 어떤 아이는 조금 늦게 출발하지만 꾸준히 성장하며, 또 다른 아이는 특정 시기에 폭발적으로 성장하기도 합니다. 중요한 것은 속도가 아니라, 결국 모든 아이가 자신만의 길을 따라 목적지에 도달한다는 사실입니다.

'아이에게 무슨 문제가 있지?'라는 낡은 의문 대신, '지금 우리 환경이 아이와 잘 맞나?'라고 함께 묻고 싶습니다. 사회가 정한 표준 시계를 잠시 내려놓고, 우리 아이의 고유한 발달 시계가 지금 어디를 가리키는지 먼저 확인하자는 것이죠. 아이에게 꼭 맞는 어항을 만들어 주는 겁니다. 잘난 아이라는 신기루에서 벗어나는 소중한 첫걸음이 될 것입니다.

아이를 있는 그대로 관찰하다 보면, 똑같은 지도로도 서로 다른 길을 가는 아이가 보일 겁니다. 그러면 사회적 기준은 희미해지고 부모와 아이 사이의 관계는 더욱 또렷해집니다. 여기서 시작합니다. '잘난 아이'라는 껍데기를 벗겨내고, '우리 집 아이'를 다시 불러내는 일, 그리고 그 아이의 속도에 맞춰 우리의 호흡을 가다듬는 법을 차분히 알려드리려 합니다.

비난의 계약을 파기하지 못하는 부모

상담실 문이 열리고 한 학부모가 들어왔습니다. 그분은 제게 눈길 한번 주지 않았고, 자리에 앉기도 전에 아이에 대한 불평을 쏟아내기 시작했습니다. "소장님, 우리 애, 도대체 어떻게 해야 합니까?" 흥분으로 상기된 얼굴이었습니다. 성적 부진, 반항적인 태도, 밥 먹을 때조차 가만있지 못하는 산만함까지, 모든 문제의 원인이 아이에게 있다고, 한 치의 의심 없는 목소리로 단정 지었습니다. 지난밤에도 아이와 한바탕 전쟁을 치렀다고 했습니다.

해결책을 독촉하는 그분의 눈빛은 절박함을 넘어 거의 위협적으로 느껴졌습니다. 상담 내내 양육 방식이나 집안 분위기 관련 이야기는 애써 피해 갔습니다. 오직 아이 탓, 아이 탓, 아이 탓이었습니다.

이때 제 머리를 스치는 생각이 있었습니다. '아, 이 부모님은 자신의 일방적인 시도, 집약형 모델이 실패했다는 사실을 인정하기너무 힘드신 거구나. 실패 원인을 자신이 아닌 아이에게서 찾아야만, 나는 최선을 다했다는 심리적 안도감을 겨우 얻으실 수 있는거구나. 부모로서 부족했다는 불편한 진실보다, 차라리 아이에게결함이 있다고 규정해야 견딜 수 있으신 거구나.'

긴 하소연이 끝나고 잠시 침묵이 흘렀습니다. 저는 조용히 고개를 끄덕인 뒤, 부드러운 어조로 제안했습니다. "어머님, 말씀 감사합니다. 심정은 잘 알겠습니다. 혹시 아이를 한번 만나 봐도 될까요? 아이의 이야기도 직접 듣고 싶어서요." 예상치 못한 제안이었는지, 어머니의 표정이 순간 굳어졌습니다. 이내 손사래를 치며 단호하게 말했습니다. "굳이 그럴 필요 없어요. 제가 우리 애를 제일잘 아는데, 이미 다 설명 드렸잖아요. 애 만나 봐야 달라질 게 없다니까요."

저는 미소를 잃지 않고 조용하지만 분명하게 말을 이었습니다. "어머님 말씀만으로도 많은 참고가 됩니다. 그래도 아이를 만나대화하면서 좀 더 구체적으로 확인할 것들이 있어요. 그래야 진짜도와드릴 방법을 찾을 수 있을 것 같아서요." 그분은 못마땅한 얼굴로 침묵했지만, 물러서지 않는 제 설득에 마지못해 동의했습니다. 며칠 후, 아이를 직접 만나기로 약속이 잡혔습니다.

약속된 날, 초등학교 6학년 아이가 상담실 문을 열고 들어왔습니다. 잔뜩 긴장했지만, 진심으로 환대하는 분위기에서 아이는 차

츰 마음을 열었습니다. 부드러운 질문으로 아이의 속마음에 다가 갔습니다. "요즘 마음은 어떠니? 학교 생활은 괜찮고?" 잠시 머뭇거리던 아이는 이내 작은 한숨을 내쉬었습니다. "그냥, 괜찮아요… 다만 엄마 아빠는 제가 뭐만 하면 화부터 내세요. 전 정말 노력하는데…. 공부도 열심히 해 보려고 하는데, 성적이 잘 안 오르니까 부모님이 속상해하시는 거 알아요. 저도 죄송하긴 한데… 가끔은 제가 정말 못난 아이인 것 같아서 너무 힘들어요." 아이의 눈에 눈물이 맺혔습니다.

저는 조심스럽게 격려했습니다. "너무 괴로워하지 않아도 돼. 누구나 잘하는 게 있고, 시간이 필요한 법이야. 내가 보기에 너는 충분히 노력하고 있고… 아주 대견한걸." 부모가 그토록 문제아로 묘사했던 아이는 어디에도 없었습니다. 눈앞의 아이는 반항적이거나 산만하기는커녕, 부모의 기대에 미치지 못할까 봐 주눅 든, 속 깊고 여린 아이였습니다.

아이와 충분히 이야기한 뒤, 다시 부모님을 마주했습니다. 초조한 얼굴로 결과를 기다리는 어머님에게 말했습니다. "어머님, 제가 직접 아이를 만나 보니 생각보다 큰 문제는 없어 보입니다. 너무 걱정하지 않으셔도 될 것 같아요. 오히려 부모님께 잘 보이고 싶어서 애쓰는 모습이 느껴져 기특했어요." 제 말이 채 끝나기도 전에, 그분의 얼굴이 싸늘하게 굳어졌습니다. "그 애가 원래 겉으로는 멀쩡한 척을 얼마나 잘하는데요. 다른 사람 앞에서는 천사처럼 굴지만, 평소 하는 짓을 보면 정말 심각하다니까요.”

저는 순간 말문이 막혔습니다. 방금 전 아이가 보여준 진심 어린 눈물과 부모의 얼음장 같은 확신 사이에는 엄청난 차이가 있었습니다. 아이 탓을 해야만 무너지지 않고 자신을 지킬 수 있는 세계 안에서 부모는 자기방어라는 성벽을 쌓고, 그 대가로 세상에서 가장 소중한 아이를 성벽 밖에 홀로 내버려두고 있었습니다.

상담 후, 다행히도 어머님은 용기를 내어 아이의 행동이 아닌 상황에 집중하기 시작했습니다. 비난 대신 공감을 건넸을 때, 아이는 처음으로 자신의 어려움을 부모님에게 털어놓았습니다. 아이를 문제아가 아닌 부상자로 바라보는 작은 관점의 변화가 굳게 닫혔던 관계의 문을 여는 열쇠가 되었습니다.

아이 탓을 하는 순간, 부모는?

“소장님, 아무리 해도 우리 아이는 말을 잘 안 들어요. 저는 할 만큼 했어요.” 상담 초기에는 저도 고개를 끄덕이며 위로해 드리곤 했습니다. 하지만 시간이 지날수록 그 말이 얼마나 위험한 함정인지 깨닫게 되었습니다. 부모가 아이를 탓하는 순간, 그것은 아이의 문제가 아니라 아이가 겪는 어려움을 이해하지 못하는 자신의 한계를 고백하는 것이라는 생각에 이르렀기 때문입니다.

멜 레빈Mel Levine 박사의 책 『아이의 뇌를 읽으면 아이의 미래가 열린다』를 깊이 공부하며 깨달았습니다. 멜 레빈 박사는 아이의 학습과 발달의 관계가 기계처럼 일률적이지 않다고 강조합니다. 각자 뇌의 고유한 배선과 속도에 따라 전혀 다르게 펼쳐진다는 것이죠. 아이가 수학 문제를 풀지 못한다면 게으르거나 노력이 부족해서가 아니라, 집중력, 기억력, 시공간 처리 능력 같은 뇌의 특정 기능이 아직 충분히 발달하지 않았기 때문일 수 있다는 겁니다. '아이한테 문제가 있어요'라는 말은 결국 '나는 아이의 뇌와 발달을 충분히 이해하지 못했다'는 자신의 무지를 고백하는 것이나 다름없다는 사실을 알게 되었습니다.

어느 강연회에서 저는 학부모님들께 이렇게 물었습니다. "아이가 학교 갈 땐 멀쩡했는데, 수업 마치고 와서는 심하게 기침을 합니다. 그런 상황에서, 너 왜 건강 관리 엉망으로 해서 기침하고 그래, 혼나야겠다! 이렇게 말하는 부모님이 계실까요? 아마 안 계실 겁니다. 그런데 왜 시험은 망치고 오면 야단치게 될까요?"

이 이야기를 들은 학부모님들의 표정이 지금도 기억납니다. 인정할 수도, 안 할 수도 없는 복잡한 표정들이었습니다. 아이 성적 뒤에는 잘 보이지 않는 수많은 바이러스가 숨어 있을 수 있습니다. 아이 뇌 발달 속도, 컨디션, 독특한 사고방식 등일 수도 있죠. 하지만 원인을 찾으려는 노력 없이 아이 탓으로 성급히 결론 내리면 가장 중요한 것을 놓치게 됩니다.

우리는 아이의 부족한 모습을 보면서 낙심하거나 다그치기보다

'내가 무엇을 더 알아야 할까?' 하고 질문해야 합니다. 아이의 속도와 개성을 존중하는 출발점은, 부모가 자신의 한계를 인정하고 배우려는 겸손을 선택하는 데서 시작됩니다. 아이 탓은 반드시 멈추어야 합니다. 아이 탓을 하는 순간 모든 가능성의 문이 닫힙니다. 아이 탓을 멈추고, 아이를 있는 그대로 이해하는 데 부모 과학이 필요합니다. 이를 통해 아이를 원망하는 마음을 밀어내고, 아이를 향한 고귀한 사랑이 온전히 복원될 것이라 확신합니다.

'문제아'라는 라벨이 주는 달콤한 통제감

'우리 아이 혹시 금쪽이?' 같은 기질 테스트를 해보신 적이 있나요? '이번엔 답이 있을지도 몰라'하는 마음에 링크를 눌러 봅니다. '그렇지, 우리 애는 이런 유형이었어. 앞으로 이렇게 하면 되겠네…!' 하지만 안심은 잠깐입니다. 다음 날 저녁, 아이가 숙제를 미루는 순간 불안은 어김없이 다시 찾아옵니다. 이런 풍경은 오늘날 부모님들이 겪는 딜레마를 상징적으로 보여줍니다.

우리는 불안 사회의 한가운데 서 있습니다. 치열한 사교육 경쟁, 만연한 비교 문화, 미래에 대한 극심한 불확실성 같은 공포 앞에 우리 뇌는 생존을 위해 교묘한 단기 전략을 사용합니다. 막연한 불안을 '우리 애는 ○○ 문제가 있다'며 구체적인 이름으로 바꾸고, '상담이나 특별수업으로 그 문제를 고치자'고 해결책을 찾습니다. 손에 잡히지 않던 거대한 공포가, 눈앞의 해결 가능한 과제로 바뀌면 우리는 마법처럼 즉각적인 통제감을 얻습니다. TV에서 금쪽이에게 명쾌한 솔루션을 제시하는 전문가가 폭발적인 인기를 얻는 이유도, 뭐라도 해야 하는 부모들의 절박한 심정, 통제감 회복에 대한 갈망과 맞닿아 있기 때문이지요. 하지만 단기적인 안도 뒤에는 혹독한 장기 비용이 따릅니다. 우리는 어느새 아이를 가능성이 아닌 결핍의 렌즈로 바라보게 됩니다. 그 결과 관계는 경직되며 아이의 내적 동기와 자기효능감은 서서히 시들어 갑니다. 부모의 불안을 잠재우기 위해 붙인 라벨이 도리어 아이의 진짜 모습을 가려 버리는 것입니다.

물론, 아이 안전과 직결되거나 특정 어려움이 한 달 이상 여러 환경에서 일관되게 나타나면 전문가 도움이 꼭 필요합니다. 그러나 이러한 도움은 아이를 문제아로 낙인찍기 위함이 아니라, 아이의 안전을 확보하고 성장의 경로를 함께 조정하기 위한 보호의 목적이어야 합니다.

우리가 붙이는 라벨은 아이를 위한 것이 아니라, 자신의 불안을 잠재우기 위한 응급 처치에 가깝습니다. 게다가 부모 마음에 너무나도 매력적으로 작용하기 때문에 알아차리기도 인정하기도 쉽지 않습니다. 통제감의 유혹에서 벗어나 라벨 뒤에 가려진 아이의 진짜 세상을 보려는 노력이 필요합니다.

상황	부모가 즉시 떠올리는 라벨	부모의 단기 이득	아이의 장기 비용	꼭 필요한 대안 질문
성적 하락	"혹시 집중력 부족?"	불안이 구체화 되어 덜 막막함	자기효능감 하락, 낙인효과	지난 한 달간 생활 패턴 (감정, 수면, 건강, 스트레스) 같은 것들을 살핀다. 뭐가 영향을 줬을까?
게임 시간 증가	"혹시 게임 중독?"	행동 처방을 찾기 쉬움 (클리닉, 상담)	통제하고 반발하는 악순환의 시작	아이가 무엇에서 도피하고 있을까? 게임이 어떤 보상을 주고 있을까?
등교 거부	"혹시 사회성 문제?"	일단 안도 (치료 프로그램)	회피 행동 강화, 학교 공포 장기화 장기화	언제부터 그랬을까? 그 전후에 어떤 사건, 사람, 감정이 있었지?

나도 모르게 맺고 있던 '아이 탓 계약'

상담 초기에 부모님을 만나며 풀리지 않는 질문 하나를 품게 되었습니다. '세상 누구보다 아이를 사랑하는 분들인데 왜 저렇게 심하게 아이 탓을 할까?' 오랜 숨은그림찾기 끝에, 저는 부모님 이야기 속에 공통적으로 등장하는 거대한 손, 바로 우리 사회 전체가 암묵적으로 동의하고 서명한 '아이 탓 계약서'를 발견했습니다. 내용을 구체적으로 살펴보겠습니다.

제1조 (작성자 - 사회) 모든 실패는 네 탓이다

우리 사회가 속삭이는 첫 번째 조항입니다. '개인의 노력과 능력만이 성공과 실패를 결정한다'고 끝없이 주입하며 실패한 아이에게 책임을 묻습니다. 사회 구조에 눈을 돌리기보다 개인에게 원인이 있다고 문제를 덮어야 공정한 시스템이라는 믿음을 지킬 수 있을 테니까요. 한 아이의 실패를 노력이 부족했기 때문이라고 결론 내리는 순간, 우리 사회는 '보세요, 시스템에는 문제가 없지 않나요?'라고 말하는 셈이 됩니다.

제2조 (작성자 - 학교) 문제 학생으로 분류하면 편리하다

이 조항은 공교육 현장에서 발견했습니다. 한 교장 선생님은 제게 조심스럽게 털어놓으셨습니다. "소장님, 솔직히 정해진 틀에서 벗어나는 아이 한 명에게 맞추기 위해 전체 시스템을 바꾸기란 정말 어렵습니다." 도움이 필요한 아이로 보기보다 문제아로 분류해야 문제가 해결됩니다. 교육 환경이나 제도 문제가 아닌, 치료나 교정이 필요한 아이 개인 문제로 만들어야 하는 것이죠. 학교 입장에서는 이것이 시스템 변경 없이 책임을 최소화할 수 있는 가장 편리한 방법일 수 있습니다.

제3조 (작성자 - 사교육) 불안할수록 더 열심히 시키세요

대치동 학원가에서 일할 때, 저 역시 이 유혹에서 자유롭지 못했습니다. 아이 노력이 부족하다고 말하는 순간, 해결책은 자연스럽게 '더 공부시키기'(더 많은 학원, 더 어려운 문제집)로 이어집니다. 설령 성적이 기대에 미치지 못하더라도, "아이가 노력을 안 해서 그렇다"고 말하면 부모님을 설득하기 쉬웠습니다. 결국 아이 탓을 하도록 유도해 부모의 불안감은, 사교육 시장을 먹여 살리는 강력한 연료가 되는 셈입니다.

제4조 (서명자 - 부모) 불안을 잠재우는 안도감이라는 착각

한 어머님이 떨리는 목소리로 제게 고백하셨습니다. "아이 탓을 하는 그 순간만큼은 제가 뭘 해야 할지 명확해져서… 차라리 마음이 편해질 때가 있어요." '내 아이가 뒤처지면 어떡하지!'하는 끝없는 공포 속에서 허우적대는 것보다, 게임 중독이나 집중력 부족 같은 구체적인 문제 하나를 붙잡고 씨름하는 것이 덜 고통스럽기 때문입니다.

부모에게 통제감과 면죄부라는 강력한 심리적 보상을 제공합니다. 교육 시스템이라는 거대한 불안 앞에서 무력감을 느끼는 부모가 문제 원인을 내 아이의 의지 부족으로 축소하는 순간, 그 막막한 불안은 잔소리나 학원 추가와 같이 당장 실행 가능한 작은 과제로 변환됩니다. 아이를 탓하는 행위는 부모의 무력감을 특정한 목적의식으로 바꾸는 심리적 방어기제입니다. '아이를 위해 무언가 하고 있다'는 안도감을 얻는 대가로, 자신도 모르는 사이에 아이를 문제아로 바라보는 보이지 않는 계약서에 서명한 건 아니었을까요?

'왜 너만 못 하니?' 부모를 눈멀게 하는 구조맹의 함정

"너는 공부도 못하면서 왜 열심히 하지도 않는 거니." 얼핏 합리적으로 들리는 이 말 속에는, 우리 사회와 부모님들을 단단히 붙들고 있는 무서운 전제가 숨어 있습니다. 같은 트랙, 같은 규칙, 같은 속도라면 결과는 오직 노력으로만 갈린다는 믿음입니다. 우리의 교육 현실은 능력주의로 아주 단단히 코팅되어 있습니다. 공정한 경쟁에서의 성적은 능력과 노력의 증거라는 믿음은 시험과 입시 세계에서 거의 신앙처럼 작동합니다.

강준만 교수가 지적했듯, 잘못된 믿음이 구조 문제를 의도적으로 지워버릴 때 우리는 구조맹構造盲이 됩니다. 눈앞의 팩트(성적표)만 붙잡고, 그런 팩트를 만든 판(정보·시간·돈·환경 등)은 보지 못한다는 뜻입니다. 어떤 아이는 스포트라이트 아래 마이크 잡고 말하고 어떤 아이는 소음 가득한 길가에서 맨몸으로 외치는데, 결과만 보고 '누가 더 또렷이 말했니?' 비교하는 셈입니다.

"왜 너만 못 하니?" 물으면 결국 모든 책임은 가장 약한 존재에게 돌아갑니다. 하지만 관점을 바꿔 우리 아이를 다시 보면 풍경이 완전히 달라집니다. 획일적인 경쟁 트랙에 잘 적응하는 아이가 있는가 하면, 같은 규칙 아래에서도 처음부터 불리한 아이가 분명 있습니다. 경쟁을 싫어하는 성향, 독특한 관심, 남다른 재능처럼 한국식 시험공부와 성적 경쟁에 적응하기 어려운 개성들이 크게 작용합니다. 그럼에도 부모가 그런 합당한 사정을 제대로 보지 못하면 화살은 아이에게 향합니다. '게으르다, 의지가 약하다, 목표가 없다'며 아이를 겨냥하는 심판관이 됩니다. 그렇게 구조맹은 여러 비극의 배후세력이 됩니다.

아이를 보기 전에 우리 사회의 불합리한 구조를 먼저 제대로 봐야 한다고 다짐합니다. '우리 아이는 노력하지 않는 문제가 있는 아이'가 아니라, '노력해도 그 노력이 인정받기 어려운 상황에 놓인 아이'일 수 있음을 먼저 선언하는 것입니다.

그렇다면 부모가 지금 당장 할 수 있는 일은 무엇일까요? 아이를 고치는 대신 환경을 조율하는 것입니다. 하기 싫어서가 아니라 하기 어려운 구조에 있을 수 있음을 먼저 인정하면 질문이 바뀝니다. '왜 안 하니?'에서, '무엇이 널 어렵게 하니?'로, '열심히 해야지!'는 '뭘 도와주면 좋을까?'로 질문이 옮겨갑니다.

대치동 사교육 일선에 있으면서 부모들이 자신도 모르게 아이 탓을 하게 되는 대치동의 구조를 똑똑히 확인했습니다. 아이 문제를 해결해 주겠다는 사교육에 아이를 위탁하는 방식이 어떤 결과를 낳는지도 너무 잘 알게 되었습니다. 이제부터라도 아이 탓 대신, 아이를 둘러싼 구조를 조정하는 진짜 해법을 찾아야 합니다.

이 지점에서 어떤 부모님은 절망을 느낄지도 모릅니다. '우리 집은 환경이 안 좋은데… 결국 내가 좋은 환경을 못 제공하는 탓 아닌가?' 하고 자책할 수 있습니다.

여기서 말하는 구조는 반드시 돈으로만 살 수 있는 구조를 의미하는 것은 아닙니다. 입시 제도나 사는 동네를 당장 바꿀 수는 없어도 아이에게 가장 결정적인 영향을 미치는 작은 구조, 즉 우리 집이라는 어항을 설계할 수 있습니다.

아이 탓 대신 판을 읽자는 제안은 우리가 통제할 수 있는 것에 집중하자는 강력한 요청입니다. 아이 발달 시계에 맞게 공부 분량과 속도를 조정하는 일, 평소 마음 상태와 오늘의 컨디션을 중요한 변수로 인정하는 일, 그리고 아이의 불리함을 상쇄할 작은 지렛대를 설계하는 일입니다.

예를 들어, 아이가 부담을 느끼는 사교육은 과감히 걷어내고, 공부의 양보다 질과 효과 중심으로 시간을 줄이며, 잘 먹고 잘 자고 운동하며 좋은 컨디션을 유지하도록 돕고, 목표를 낮춰 작은 성공 경험을 쌓게 할 수 있습니다. 이것이 바로 부모가 조율할 수 있는 작은 구조이자, 내 아이에게 잘 어울리도록 어항의 물을 갈아주는 일입니다.

부모의 진짜 힘은 얼마나 잘 살고 많이 배웠는지가 아니라, 내 아이의 고유함을 읽어내고 그에 맞게 일상 생활을 미세하게 조정해 주는 지혜와 용기에서 나옵니다. 아이 탓을 멈추고 작은 구조

조정을 시작할 때, 비로소 우리는 아이의 가장 강력한 동맹이 될
수 있습니다.

집약형 모델의 그림자, 그리고 아이에게 돌아간 화살

서울 강남에서 재수학원 원장으로 있던 시절, 저는 이해하기 어려
운 아이들을 자주 만났습니다. 재수를 하면서도 실패의 아픔도, 다
시 도전하려는 의지도 보이지 않는 아이들이 있었습니다. 등록부
를 확인해 보니 그런 아이들 중에는 유독 서울 강남 3구 출신이 많
았습니다. 어릴 적부터 부모의 철저한 관리를 받으며 자라난 집약
형 모델의 산물이었습니다.

입학 상담 때부터 조짐은 있었습니다. 제가 아이에게 질문을 던
지면 부모님이 먼저 대답했습니다. "얘는 잘 몰라요. 제가 대신 말
씀드릴게요." 상담 자리에서조차 아이는 자기 이야기를 꺼낼 기회
를 얻지 못했습니다. 부모님은 아이 약점을 조목조목 지적하며 특
별 관리를 요구했습니다. "수학이 약해요, 집중력이 부족해요." 아
이의 가능성이나 장점은 언급되지 않고 오직 부족함만 얘기했습
니다.

이 아이들은 자기 인생의 중요한 갈림길에서 스스로 선택하고
책임지는 힘을 보여주지 못했습니다. 부모가 깔아준 길 위에서만
달려온 결과, 자기 속도와 리듬을 잃어버린 것입니다. 아이는 성

인이 되었지만 부모님들은 여전히 어린애 취급했습니다. "내가 할 수 있는 건 다 했는데, 왜 아이는 원하는 결과를 못 내는 걸까?" 이 부모님들에게서는 아이를 그렇게 만든 주범이 집약형 모델이라는 인식은 조금도 찾아볼 수 없었습니다. 여전히 화살은 아이에게 돌아갔습니다. "아직도 정신 못 차리고 저런다니까요!"

아이를 탓하는 순간, 진짜 문제는 가려집니다. 집약형 모델로 아이가 망가진 속사정은 숨겨진 채, 부모의 화살은 끝내 아이 가슴에 꽂히고 맙니다. 문제는 아이가 어린 시절부터 이미 시작되었는지 모릅니다. 더 늦기 전에 꼭 점검해야 합니다.

새로운 패러다임, 능력주의를 넘어 존엄주의로

아이를 바라보는 안경부터 바꿔 써야 합니다. 성적이나 성과가 아니라 아이의 존재 자체를 중심에 두는 관점이 필요합니다. 아이를 비난하는 우리 사회의 암묵적인 연결고리를 끊어내고 온전히 내 아이 편에 서기 위해서입니다.

아이를 성적으로만 판단하는 능력주의 패러다임이 문제의 뿌리입니다. 성적만 좋아진다면 아이가 입는 상처쯤은 묵인하는 이 비정한 태도가 아이들을 벼랑 끝으로 내몹니다. 이제 존엄주의 패러다임으로의 전환을 모색해야 할 때입니다. 어쩌면 존엄주의라는 말이 뜬구름 잡는 비현실적인 이상처럼 들릴지도 모릅니다. 하지만 존엄주의가 아이의 장기적인 성공을 위한 가장 현실적이고 냉철한 전략임을 뒷받침하는 데이터도 있습니다.

PISA 2022 결과, 한국 학생들의 학업 성취도(수학, 읽기, 과학)는 OECD 최상위권에 속하며, 창의적 사고력 역시 세계 최고 수준입니다. 하지만 아동·청소년의 삶의 만족도는 OECD 최하위권이며, 스트레스 인지율은 최고 수준입니다. 집약형 모델과 능력주의는 아이들의 높은 성취도를 만들어 냈지만, 동시에 정신 건강까지 파괴했습니다.

'성공하려면 지금의 행복쯤은 희생해야지'라고 생각할 수도 있습니다. 하지만 잠시 멈춰 생각해 봐야 합니다. 이것은 '금방 무너질 단기적 성취'와 '끝까지 가는 건강한 성공' 사이에서 무엇을 선택할지의 문제이기 때문입니다. 데이터는 우리에게 분명한 사실을 말해 줍니다. 아이의 존엄을 지키는 양육이야말로 아이의 잠재력을 만개하고 장기적으로 성공할 수 있는 가장 확실하고 유일한 해법이라는 사실을 말입니다.

오늘 행복한 아이가 내일 성공한다고 저는 늘 말합니다. 하지만 우리 주변에는 그런 아이들을 쉽게 찾아볼 수 없습니다. 왜일까요? 자신도 모르게 능력주의 사고 방식에 장악당해, 아이의 존엄성을 지키며 행복을 우선하는 길을 가는 부모들이 드물기 때문입니다.

왜 존엄 양육으로 나아가기 어려울까?

SBS 다큐 스페셜을 준비할 때의 일입니다. 참여를 희망한 가족들의 면접이 있던 날이었습니다. 첫날 오전 면접을 마치고 저와 제작진은 모두 얼어붙었습니다. 분명 다른 부모님들이 차례로 들어오는데, 마치 한 사람이 계속 이야기하는 것처럼 고민 내용이 비슷했기 때문입니다. 아이 기질, 사는 지역, 가정 환경 모두 다른데 고민은 놀랍도록 비슷했습니다.

그때 저는 확신했습니다. '이것은 분명 개별 부모 문제가 아니다. 부모들이 우리 사회의 거대한 시스템에서 고립된 채, 불안감을 먹고 자라는 부모산업의 시장 논리에 깊숙이 빠져들고 있다는 명백한 증거다.'

아이의 존엄성을 지키는 양육이 아이 발달에 훨씬 유익하다는 것을 머리로는 압니다. 그런데도 왜 우리는 번번이 통제와 경쟁 트랙으로 되돌아오는 걸까요? 그 이유는 우리의 선택이 진공 상태에서 이루어지는 자유로운 결정이 아니기 때문입니다. 부모들은 보이지 않는 강력한 사회적, 경제적, 심리적 압력 속에 있습니다. 그래서 아이의 성장에 필요한 최선의 선택이 아닌, 불안한 마음에 가장 안전해 보이는 선택을 하도록 내몰리고 있습니다. 우리 사회가 만들어 낸 심각한 교착 상태, 그 안을 자세히 하나씩 들여다보겠습니다.

끝나지 않는 의자 뺏기 게임

과잉 경쟁과 희소성 논리에 잠식된 한국 사회의 교육은 의자 뺏기 게임 같습니다. 최상위 대학과 안정적 직업이라는 한정된 의자를 차지하기 위한 경쟁입니다. 이 게임에서 우리 아이의 속도를 존중하는 것은 위험한 도박처럼 느껴집니다.

24시간 감시받는 시험대

옆집 아이, SNS 속 엄친아는 벌써 앞서갑니다. 빈틈없는 비교 문화는 우리를 24시간 감시받는 시험대 위로 올립니다. '나만 뒤처지면 어떡하지?' 하는 공포(포모 증후군)는 일상이 됩니다.

공부는 생존이다

사회 안전망이 부실한 사회에서, 부모에게 자녀의 학업 성공은 안정된 미래를 보장하는 유일한 보험처럼 느껴집니다. 교육이 자아실현의 과정이 아니라, 생존을 위한 절박한 몸부림이 됩니다.

아이 성적표는 곧 나의 성적표

우리 사회는 오랫동안 '좋은 부모=공부 잘하는 자녀 둔 부모' 공식을 당연하게 여겼습니다. 사회적 정체성이 결합된 채로 어느새 아이 성적표가 곧 나의 성적표가 되고, 아이의 성공이 곧 나의 자존감이 됩니다.

나의 불안을 아이에게 물려주다

많은 부모님이 자신도 모르는 사이에 마음속 깊은 불안과 결핍을 아이에게 투사하고 아이를 통해 채우려 합니다. 못다 이룬 꿈을 아이를 통해 이루려는 무의식적 욕망이 아이를 다그칩니다.

녹초가 된 부모의 선택지

장시간 노동과 경직된 근무 환경은 부모의 시간과 에너지를 남김 없이 소진시킵니다. 과도한 노동에 지친 부모에게 통제와 지시는 (단기적으로) 가장 빠르고 쉬운 방법처럼 다가옵니다. 존엄주의는 그림의 떡이 되기 십상입니다.

사교육에 기댈 수밖에 없는 현실

국가가 든든하게 받쳐 주지 못하는 돌봄과 배움의 공백을, 결국 불안감을 먹고 자라는 사교육 시장이 채우고 있습니다. 국가 지원이 불충분합니다.

다르게 키울 자유가 없는 사회

치열한 입시 위주의 공교육 시스템은 '다른 길'을 허락하지 않습니다. 획일적인 교육 시스템 자체가 부모들을 경쟁 패러다임에 순응하도록 강요하는 것입니다.

부모의 시선은 어떻게 아이의 운명이 되는가

상담실에서 만난 많은 아이의 목소리를 엮어, 두 아이의 이야기로 만들어 봤습니다. 비슷한 어려움을 겪던 아이들이 부모의 다른 반응 속에서 어떤 길을 걷게 되는지 그들의 목소리로 전하고 싶었습니다.

'나는 안 되는 애구나' 하고 믿어버린 아이, 민준이 이야기

"솔직히 성적표 받는 날이 제일 싫었어요. 집에 들어가는 발걸음부터 무거웠죠. 현관문 열면… 역시나. 엄마는 말없이 한숨 쉬셨고, 아빠는 저 보는데 꼭 '너는 대체 누굴 닮았냐' 하는 눈빛. 그냥 제가 다 잘못한 놈이 되는 순간. 그러고 나면 늘 똑같았어요. 핸드폰 뺏기고, 학원 하나 더 다니고. 친구들은 단톡방에서 웃고 떠드는데 저만 빼고 다 아는 얘기하는 것 같아 진짜 비참했어요. 저녁 먹을 땐 맨날 '엄마 친구 아들' 얘기… 밥이 안 넘어갔어요.

부모님은 저 잘되라고 하셨겠지만, 저는 그냥 도망치고 싶었어요. 집이 집 같지 않고, 매일 감시당하는 기분. 그러다 보니까… 그냥 다 하기 싫어지더라고요. '어차피 난 안 되는데 뭐.' 부모님이 제게 실망한 만큼, 저도 저 자신한테 실망했던 것 같아요. 그래서 정말, 부모님이 말씀하시는 그대로, '뭘 해도 안 되는 애'가 되어 버렸어요."

"성적표 받는 날은 죽을 맛이었어요. '아, 망했다. 집에 가면 또 무슨 소릴 들을까…' 심장이 막 뛰었죠. 그런데 부모님은 제 성적표 보시더니 절 그냥 꽉 안아주셨어요. 그리고 '왜 이것밖에 못 했냐' 대신, "시험 보느라 힘들었겠다. 괜찮아"라고 해주셨어요. "성적 때문에 기죽지 마. 넌 성적보다 훨씬 소중한 아이야" 하고요. 솔직히 그 말을 듣는데 눈물이 핑 돌았어요. 그때부터 집이 편해졌어요. 학교에서는 성적 때문에 기죽었는데, 적어도 집에서만큼은 제가 '공부 못하는 애'가 아니었으니까요. 그냥 아들이었죠.

저희 집 규칙 1호는 '10시 취침'이었어요. 공부 더 하는 것보다 푹 자는 게 먼저라면서요. 수학 문제 하나를 한 시간 붙잡고 있어도 재촉 안 하셨고, 그걸 풀어냈을 땐 마치 제가 올림픽 금메달을 딴 것처럼 기뻐해 주셨어요. 부모님이 저를 믿어주시는 게 느껴지니까, 저도 '한번 해볼까?' 마음이 들었어요. 신기하게도, '망치면 어떡하지?' 걱정이 사라지니 오히려 공부가 더 잘되는 거 있죠. 물론 전교 1등이 된 건 아니에요. 하지만 전 성적보다 훨씬 더 중요한 걸 얻었어요. 넘어져도 괜찮다는 것, 그리고 다시 일어날 수 있다는 믿음이요. 부모님이 제 편이라는 사실, 그거 하나만으로도 세상 무서울 게 없었습니다."

능력주의 사회의 냉정한 현실을 외면할 수는 없습니다. 소수의 유리한 아이만이 성공의 스포트라이트를 받고, 대다수 평범한 아이들은 들러리가 되는 것이 우리가 마주하는 현실입니다. 민준이 부모님은 우리 사회의 판정을 수용한 결과, 아이와 함께 예정된 실패의 길로 걸어 들어갔습니다. 반면 지호 부모님은 사회의 시선에 맞서 싸우는 용기를 낸 결과, 아이의 잠재력과 함께 성공의 가능성도 키웠습니다.

능력주의에서 벗어나 존엄주의로 갈아타는 것은 결코 쉬운 일은 아닙니다. 하지만 선택은 분명합니다. 소중한 내 아이가 몇몇 성공 사례의 들러리가 되게 하시겠습니까? 아니면 아무리 어려운 길이라도 존엄주의로 자기 인생의 주인공으로 성장하도록 돕겠습니까?

아이가 한국식 시험공부, 성적 경쟁에 불리할수록 부모의 역할은 더욱 명확해집니다. 아이 탓을 멈추고, 아이를 향한 존중과 신뢰, 지지와 협력이라는 자원을 쏟아부어야 합니다. 아이가 뒤처진다고 생각하는 부모의 진짜 승부수는 더 좋은 학원을 찾는 것이 아닙니다. 아이를 향한 세상의 부정적인 평가와 시선에 맞서 부모가 대신 싸워 이겨내고, 아이에 대한 굳건한 믿음을 끝까지 지켜내는 것입니다.

다시 보기! 양소영 변호사의 교육법

양소영 변호사는 특목고 입시에 실패한 딸을 향해 '왜 남들처럼 못

하니?’ 하며 실망하거나 다그치지 않았습니다. 대신 아이가 스스로 회복할 시간을 만들어 주었습니다. 대형 학원의 경쟁 시스템이 아이와 맞지 않음을 발견했을 때, 아이를 탓하지 않고 아이의 잠재력이 폭발할 수 있는 소규모 학원을 찾았습니다. 아이를 판에 맞추는 대신, 아이를 위해 판을 바꾸는 선택을 했습니다.

양 변호사가 아이들에게 물었습니다. “엄마가 너희한테 가장 잘 해준 게 뭐라고 생각하니?” 삼 남매는 입을 모아 대답했습니다. “인내요.” 그녀의 인내는 결코 수동적인 기다림이 아니라 아이를 문제 삼아 이득을 보는 이들이 주도하는 ‘비난 계약’을 파기하겠다는 용기 있는 선언이었습니다.

아직 아이가 어린 분들은, ‘특목고 입시 실패 같은 이야기는 저희 아이와 너무 먼 얘기 아닐까요?’ 하고 느끼실 수 있습니다. 하지만 이 사례는 고등학생의 입시 이야기가 아니라 부모의 관점에 대한 이야기입니다. 이 관점은 아이가 초등학교 1학년 때 받아쓰기를 틀렸을 때, 3학년 때 단원평가를 망쳤을 때 이미 결정됩니다. 양소영 변호사의 성공 비결은 잘난 아이를 만난 행운이 아니었습니다. ‘내 아이는 준비되지 않았을 수 있다’는 현실을 인정하고, 그 아이에게 맞는 세상을 기꺼이 만들어 준 ‘협력형 부모의 지혜’였습니다.

이제 선택은 우리에게 돌아왔습니다. 사회가 요구하는 잘난 아이 기준에 아이를 끼워 맞추며 아이 탓을 계속하시겠습니까, 아니면 내 아이만의 고유한 속도를 존중하며 아이에게 맞는 작은 어항을 새롭게 만들어주시겠습니까? 부모가 구조맹에서 벗어나 아이 편에 서는 그날, 아이 역시 자신을 탓하는 대신 해볼 만한 싸움을 시작합니다. 그리고 그 싸움의 첫 승리는, 아이가 아닌 우리의 시선에서 시작됩니다.

오늘 저녁에는 아이에게 '요즘 뭐가 제일 재미있니?' 하고 가벼운 질문부터 던져 보세요. 잘난 아이라는 늪지대에서 벗어나, 아이의 속도에 맞춰 호흡을 맞추는 첫걸음이 될 수 있습니다.

한눈에 비교하기

	능력주의 패러다임 (아이 탓)	존엄주의 패러다임 (환경 점검)
핵심 가치	성적, 경쟁, 효율성	존재 가치, 협력, 성장
아이 시선	성적과 결과로 평가받는 존재	고유한 잠재력과 존엄성을 가진 존재
실패 의미	능력 부족의 증거, 낙오	배움과 성장의 기회, 자연스러운 과정
부모 역할	관리자, 감독관, 성적 책임자	지지자, 협력자, 안전 기지 제공자
가정 분위기	긴장, 비교, 조건부 수용	안정, 신뢰, 무조건적 사랑

10분 미션 ‘아이 탓 계약서’ 파기 선언하기

1. 나의 아이 탓 지수 점검하기

최근 아이와의 갈등을 떠올리며 체크해 보세요. 아이에게 이런 말을 한 적이 있나요?

□ "너는 왜 맨날 그 모양이니?"(아이의 기질이나 성격 탓을 한다.)

□ "다 너 잘 되라고 하는 소리야!" (나의 불안을 아이를 위한 조언으로 포장한다.)

□ "다른 애들은 다 하는데, 너는 왜 못해?"(아이의 상황 대신 비교에 집중한다.)

□ "내가 너한테 얼마나 해 줬는데"(나의 노력을 보상받으려 한다.)

□ "시키는 대로만 하면 되는데 왜 말을 안 들어?"(아이에게 내 생각을 강요한다.)

- **0개**: 훌륭합니다! 아이의 편에서 아이의 상황을 먼저 이해하려 노력하고
  계시는군요. 앞으로도 이 마음을 지켜나가시면 됩니다.
- **1~2개**: 괜찮습니다. 나도 모르게 아이 탓 계약서가 가끔씩 작동하고 있다는
  신호입니다. 어떤 상황에서 이 항목을 체크했는지 돌아보는 것만으로도
  큰 변화가 시작됩니다.
- **3개 이상**: 알아차려 주셔서 감사합니다. 아이 탓 지수가 꽤 높다는 것은,
  그만큼 부모님도 지쳐있다는 뜻일 수 있습니다. 하지만 이 항목들은 아이가 아니라
  부모인 나의 불안이나 습관이 반영된 것일 수 있습니다. 오늘 이 점검을 통해
  그 고리를 끊어낼 기회를 잡은 겁니다.

핵심은 점수가 아닙니다. 몇 개를 체크했는지보다 '아, 나도 이럴 때가 있구나'라고
스스로 알아차리는 것이 가장 중요합니다. 이 알아차림이 바로 '아이 탓 계약서'를 파
기하는 첫걸음입니다.

2. 문제아를 어려움을 겪는 아이로 다시 보기
- 1단계: 아이가 보이는 문제 행동을 하나 적어 봅니다.(숙제를 안 함, 멍하니 있음 등)
- 2단계: 그 행동을 의지 부족이나 게으름으로 보는 대신, 그럴 수밖에 없는
  아이의 상황'이나 어려움'을 3가지만 추측해서 적어 봅니다.(내용이 너무 어려워서,
  어제 잠을 제대로 못 자 피곤해서, 친구와 싸워 마음이 복잡해서 등)

이런 방법으로 한심하다는 시선을 안타깝다는 시선으로 바꾸는 것이 구조맹에서 벗
어나는 첫걸음입니다.

3. 파기 선언 및 작은 실천

아이 탓 계약 파기 선언

이제부터 나는 아이의 문제 행동 이면에 숨은 어려움을
먼저 살피겠습니다. 나는 문제아의 판사가 아닌
어려움을 겪는 아이의 협력자가 되겠습니다.

파기 선언은 가급적 소리 내 읽어 보세요. 이 약속을 떠올리며 오늘 저녁, 바로 앞 2단계에서 추측한 아이의 어려움 중 하나를 해결하기 위한 작은 환경 변화(예: 숙제 시작 전 5분간 아이의 이야기 들어주기, 조용한 공부 자리 마련해주기 등) 딱 한 가지를 실천해 봅니다.

FAQ

Q. 그래도 아이가 노력을 안 하는 건 사실인데 어떡하죠?
A. 구조맹의 함정을 기억해야 합니다. 아이의 노력을 탓하기 전에, 아이가 노력할 수 있는 환경(어항)인지 먼저 점검해야 합니다. 조금 전 2단계처럼, 아이가 노력을 안 하는 것인지, 못 하는 것인지(예: 너무 피곤하거나, 내용이 너무 어렵거나) 그 작은 구조부터 살펴보는 것이 순서입니다.

Q. 존엄주의는 너무 이상적입니다. 경쟁에서 뒤처지면 어떡하죠?
A. 73~74쪽에서 살펴본 두 아이의 갈림길(민준이와 지호) 사례가 답이 될 수 있습니다. 아이를 문제아로 규정하고 다그치는(민준이 부모) 능력주의적 접근은 단기적으로도, 장기적으로도 아이를 무너뜨렸습니다. 반면 아이의 존재 자체를 믿어준(지호 부모) 존엄주의적 접근이 오히려 아이의 내적 동기를 깨워 스스로 일어서게 만들었습니다. 존엄주의는 이상이 아니라 가장 현실적인 전략입니다. 자세한 내용은 264쪽을 참고하세요.

1부에서 잘못된 터를 진단했으니, 이제 본격적으로 협력의 집을 위한 기초 공사를 시작합니다. 그 첫걸음은 바로 우리 마음속 땅을 깊이 파보는 터파기 작업입니다. 아이의 건강한 성장을 위한 단단한 기초, 즉 부모님의 흔들리지 않는 원칙과 아이와의 관계를 함께 만들어가 보겠습니다.

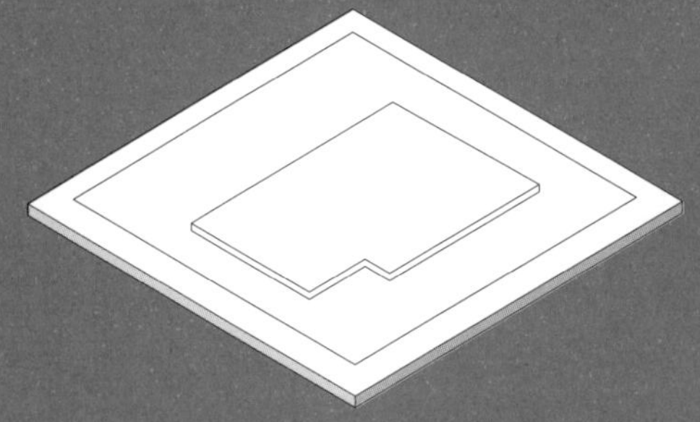

PART 2

기초 공사,
흔들리지 않는 땅과 토대 만들기

5장

터파기,
흔들리지 않는 원칙 세우기

이제 문제 진단을 넘어 본격적으로 협력의 집을 지을 시간입니다. 그 첫 단계는 바로 자신의 과거 경험, 특히 어린 시절 부모님과의 관계에서 비롯된 상처와 강점 속에서 단단한 양육 원칙을 찾아내는 터파기 작업입니다. 맘카페 글 하나에 다짐이 무너질 때, 아이의 예상치 못한 반응 앞에서 '내가 뭘 잘못하고 있나' 하는 자책감이 스멀스멀 올라올 때, 우리를 붙잡아 주는 것은 외부 정보가 아니라 바로 내 안의 기준, 즉 나만의 원칙입니다. 하지만 부모님들께 '당신의 자녀 교육 원칙은 무엇인가요?' 하고 질문하면 잠시 멈칫하십니다. 괜찮습니다. 진짜 원칙은 그럴듯한 선언이 아니라, 자기 삶의 경험에 숨어 있는 고통과 성찰을 통해 하나하나 다진 것이기 때문이니까요. 어쩌면 이 책을 읽는 지금이, 부모로서 달고 사는 불안감, 자기 의심, 과거의 상처와 정면으로 마주하며 진정한 터파기를 시작할 때인지도 모릅니다.

왜 오만했고 착오를 일으켰을까

제가 쓴 책 『대한민국 엄마 구하기』에 달린 댓글이 제 가슴을 울려 여러 번 읽었습니다.

"중학생부터 유치원까지. 네 아이를 키워 오면서 이제 확신하는 것은, 내가 하려 했던 모든 것, 애초 아이들을 위해 계획하고 기대했던 모든 것이 나의 오만이고 착오라는 것입니다. 사춘기 아이를 겪다 보면 더 분명해집니다. 아이들을 내가 키워 보겠다 할 때부터 문제가 생기는 듯합니다. 지금 우리 엄마들에게 필요한 건 이리저리 이끄는 지침서가 아니라 멈추라고 해 주는 따뜻한 지혜의 쓴소리입니다."

왜 우리는 뼈아픈 고통과 좌절을 겪은 뒤에야 비로소 그것이 오만과 착오였음을 깨닫게 되는 걸까요? 아마 정보에 의존해 아이를 키우는 방식으로도, 처음에는 분명 효과가 나타났기 때문일 겁니다. 나이에 맞는 발달 정보, 시기에 맞는 학습 정보까지… 정보는 마치 완벽한 육아 설명서처럼 보이죠. 아이가 어릴 때는 그 설명서대로 아이를 조립하고 작동시키면 순순히 따라오는 것처럼 보입니다. 그때 부모는 유능감에 취해 자신의 방식이 옳다는 오만에 빠지기 쉽습니다. 하지만 아이는 기계가 아닙니다. 성장하면서 자아가 단단해지고 독립적인 의식이 강해지면서, 부모가 쥐고 있던 아이 사용 설명서는 조금씩 틀어지기 시작합니다. '예전에는 안 그랬는데, 언제부턴가 말을 안 듣더니 이제는 반항까지 하네요. 도무지 이해할 수 없어요.' 하는 하소연이 늘어나는 이유입니다.

이때 부모와 아이 사이에는 새로운 관계 정립을 위한 원칙이 필요한데, 대부분 알아차리지 못하거나 때를 놓치고 맙니다. 댓글의 마지막 문장처럼, 지금 우리에게 필요한 것은 더 많은 정보가 아닙니다. 아이를 내가 원하는 대로 키울 수 있다는 생각이 오만은 아닌지, 부모 말을 안 듣는 것이 아이 문제가 아니라 나의 착오 때문은 아닌지 꼭 짚어 봐야 합니다. 이 성찰이 우리 안의 단단한 원칙을 찾는 터파기의 시작입니다.

증발하는 부모 교육

"소장님, 정말 이상해요. 말씀을 들을 땐 '그래, 이제 절대 소리 지르지 말아야지' 다짐하는데, 현관문만 열면 왜 저는 다른 사람이 되는 걸까요?"

이런 경험, 여러분도 있으신가요? 부모 교육에 참여하거나 육아서를 읽는 순간, 우리는 놀랍도록 차분해지고 불안은 잠잠해집니다. '그래, 바로 이거야!' 깨달음과 함께 아이를 믿고 기다리겠다는 의지가 충만하죠. 그런데 왜 그 단단했던 결심은 집으로 돌아오는 길에 옆집 엄마를 만나면, 다음 날 저녁 아이의 어질러진 책상 앞에서는 속절없이 증발해 버리는 걸까요?

이는 우리 뇌가 작동하는 방식과 깊은 관련이 있습니다. 우리가 불안이나 공포를 느낄 때('우리 애만 뒤처지면 어떡하지?' 같은 생각!), 우리 뇌 속의 경보 장치인 편도체가 시끄럽게 울리기 시작합니다. 일단 이 경보가 울리면 뇌는 즉시 생존 모드에 돌입합니다. 이때 이성적인 사고와 계획을 담당하는 전전두피질의 기능이 순식간에 마비됩니다. 전전두피질은 뇌의 CEO라고 불리는, 인지기능을 총괄하는 뇌의 영역이라서 뇌과학자들은 이 과정을 '편도체 하이재킹'이라 부릅니다. 감정의 뇌가 이성의 뇌를 납치하는 현상이라는 의미죠. 쉽게 말해, 불안하면 머리가 제대로 안 돌아가는 겁니다.

편도체 하이재킹 상태에서는 이성적인 판단력이 흐려지고, 눈앞의 상황(아이의 낮은 점수, 다른 아이와의 비교 등)을 실제보다 훨씬 더 심각한 위협으로 받아들이게 됩니다. 그러니 평온할 때 부모 교육에서 배우고 다짐했던 내용들이 잘 떠오르지 않는 것은 너무나 당연합니다. 안정된 상태에서 얻은 지식도 불안한 상태에서는 거의 쓸모가 없는 거죠. 아무리 감동하고 밑줄 쳐도 소용이 없습니다.

문제는 정보 부족이 아닙니다. 머리로 이해한 죽은 지식이 아니라, 성찰을 통해 얻어진 뿌리 깊은 원칙이 필요합니다. 불안해지면 희미해지는 지식이 아니라, 불안할수록 오히려 나를 붙잡아 주는 삶의 원칙이 절실한 이유입니다. 정보가 부족해서 불안한 것이 아니라, 원칙이 없어 흔들렸던 겁니다.

원칙 없는 부모, 방법을 찾아 헤매다

"예전에는 동네 어른들한테 물어보면 됐다는데, 지금은 모든 걸 인 터넷이랑 맘카페에서 찾아야 해요. 누구는 이게 맞다, 누구는 저게 맞다 하니… 뭘 믿어야 할지 몰라 매일 밤 머리만 복잡해요." 한 어 머님의 말씀처럼, 오늘날 우리는 기댈 마을을 잃어버리고 각자도 생하는 시대를 살고 있습니다. 조부모나 이웃의 지혜가 있던 자리 는 넘쳐나는 정보의 홍수가 대신 채웠고, 끝없는 불안과 혼란 속 에서 SNS 속 다른 아이, 다른 부모와 우리 집을 비교하며 조바심 만 키워갑니다. 명확한 기준 없이 외부 정보에만 의존하는 방식은 왜 실패하기 쉬울까요?

가장 큰 문제는 일관성의 부재입니다. 내적 기준이 없는 부모는 자기 기분이나 외부의 말 한마디에 쉽게 흔들립니다. 어제는 단호 하게 금지했던 스마트폰 사용을, 오늘은 피곤하다는 이유로 그냥 넘어가기도 하죠. 이런 갈팡질팡하는 양육이 아이에게 얼마나 큰 혼란을 주는지, 제가 그간 접한 이야기들을 모아 한 아이의 일기로 재구성해 보았습니다.

아침부터 엄마랑 숙제 때문에 또 한바탕했다. 어제 엄마는 '숙제 다 하면 한 시간 게임해도 돼' 하고 웃으며 말했다. 나는 그 말을 믿고 부지런히 숙제를 끝냈다. 그리고 잠깐 휴대폰 게임을 하고 있었는데, 갑자기 엄마 목소리가 커졌다. '또 게임하고 있니? 숙제했다고 게임만 하면 어떡해!' 하고 화를 냈다. 나는 너무 억울했다. 분명 어제는 괜찮다고 했는데, 오늘은 정반대로 화를 내니 도대체 어쩌란 말인가? 사실 이런 일이 한두 번이 아니다. 부모님의 말과 반응은 날씨처럼 매일 달라서 나는 어떻게 해야 할지 모르겠다. 이제는 부모님 말씀을 그대로 믿기가 어렵다.

원칙은 추상적인 이론이 아닙니다. 실제 경험에서 태어나 모든 방법의 구체적인 기준이 됩니다. 오래전 한 지자체 부모 교육에서 과제를 냈는데, 한 어머님이 '나는 왜 아이들을 전적으로 신뢰했는가'라는 글을 제출하셨습니다. 원칙이 어떻게 기준이 되는지 생생하게 보여 준 글의 일부를 소개합니다.

"아이가 한쪽으로만 고개를 돌리고 자는 것 같아 다른 쪽으로 돌려주었는데, 아이 고개는 금방 원위치로 돌아왔습니다. 그 순간 무엇에 얻어맞은 듯 '아! 이 아이는 내가 마음대로 할 수 있는 생명체가 아니구나!' 생각이 번쩍 들었습니다. 그 후 저는 아이를 느낌과 의지와 생각을 가진 한 인격체로 대하기 시작했습니다. 아이는 내가 엄마라 해도 내 마음대로 할 수 없는 독립된 인격체이기에 나는 그 인격체를 존중해 아이 생각을 물었고 아이가 묻는 말 하나도 무시할 수 없었습니다. (…) 나는 인생 성공을 돈이나 명예보다 '가치 있는 삶'에 두고 있으니 우리 아이들은 크게 어긋나지 않을 것이라고 생각했습니다. 아이들에게 자유를 주면서 늘 당당했고 제 인생에 집중하고자 했습니다. 아이들이 철이 들면서 저에게 '엄마 말이 모두 맞는 것 같아요. 자유를 준 엄마가 고마워요.' 이런 말들을 하네요."

이런 사례를 소개하면 상반된 반응이 나옵니다. "참 알기 어려운 이야기입니다. 이론적으로는 알고 있지만, 실제 마음에서 우러나는 행동으로 옮겨지는 건 너무 먼 얘기라서요." 또는 "훌륭한 어머니세요. 아이가 크면서 맘이 전 같지 않더라고요. 다시 맘 다잡아야겠어요." 하는 반응입니다. 왜 이런 차이가 나타날까요? 원칙과 방법을 혼동하기 때문입니다. 원칙은 그 자체로 구체적인 방법을 알려주지 않습니다. 어떤 원칙을 갖느냐에 따라 선택하는 방법이 달라질 뿐이죠. 예를 들어, 아이를 인격체로 존중한다는 원칙을 가진 부모는 아이에게 소리치기보다 먼저 아이의 생각을 묻는 방법을 선택할 가능성이 높습니다.

문제는 많은 부모님이 원칙 없이, 주로 방법에만 의존해 부모 역할을 하려 한다는 사실입니다. 예를 들어 볼까요? '옆집 아이는 벌써 이걸 한다는데, 우리 아이는 뭘 해야 할까?' 이 질문은 방법에 대한 고민입니다. 이때 원칙이 없는 부모는 즉시 학원이나 교재 같은 외부 정보(방법)를 찾아 헤매게 되죠. 하지만 내 아이의 속도를 존중한다는 원칙을 가진 부모는 다른 질문을 던집니다. '우리 아이는 지금 뭘 배우고 싶어 할까?'처럼 말이죠.

원칙은 거창할 필요가 없습니다. 혼란스러운 정보의 홍수 속에서 내 안의 불안이 요동칠 때 길을 찾게 해주는 단 하나의 문장이면 충분합니다. 어떤 방법을 선택해야 할지 막막할 때, 당신의 원칙은 가장 명확한 답을 찾아줄 것입니다.

상처는 어떻게 가장 단단한 주춧돌이 되는가

어린 시절 성적 때문에 부모님께 심한 압박을 받으며 힘들었던 한 어머님은 '우리 아이만큼은 결과보다 과정을 즐기도록 돕겠다'는 원칙을 세우셨습니다. 또 다른 아버님은 늘 형제와 비교당하며 자존감을 잃었던 상처 때문에 '아이를 다른 누구와도 비교하지 않고 오직 있는 그대로 존중한다'는 원칙을 삶의 좌표로 삼으셨죠. 감정을 무시당하며 자랐던 부모가 '어떤 상황에서도 아이의 감정을 먼저 읽어주고 인정해 주겠다'는 원칙을 목숨처럼 지키는 모습도 보았습니다.

이처럼 과거의 상처는 단순히 아픈 기억으로만 남는 것이 아닙니다. 오히려 나는 내 아이에게 절대로 똑같은 고통을 물려주지 않겠다는 절절한 약속이자 다짐이 되어, 그 어떤 외부 정보나 유행보다 강력한, 흔들리지 않는 양육 원칙의 주춧돌이 될 수 있습니다. 양소영 변호사의 경우도 마찬가지입니다. 사법고시에서 여섯 번이나 실패했던 쓰라린 경험은 결과보다 과정이 중요하다는 원칙을 더욱 단단하게 만들었을 것입니다. 워킹맘으로서 아이들을 살뜰히 챙기지 못한 미안함과 죄책감은 역설적으로 아이들의 독립성을 키워야 한다는 원칙을 세우고 실천하는 강력한 동기가 되었을 겁니다.

결국 터파기 작업은 단순히 과거의 좋은 기억만을 찾는 과정이 아닙니다. 아팠던 기억을 정면으로 마주하고, 그 고통의 의미를 재해석해 미래를 위한 단단한 원칙으로 승화시키는 용기 있는 여정입니다. 당신의 모든 경험, 심지어 가장 아팠던 기억조차 당신을 흔들리지 않는 부모로 만들어줄 가장 소중한 자산이 될 수 있습니다.

믿음의 원칙, 아이를 일으켜 세우다

부모의 원칙이 시험대에 오르는 순간은 아이가 다른 아이들보다 뒤처지는 것처럼 보이거나, 해야 할 일을 미루고 나태함에 빠져 있는 것처럼 보일 때입니다. 이때 부모가 어떤 선택을 하느냐가 아이의 미래를 가릅니다. 양소영 변호사의 시험대를 함께 보겠습니다.

시험대 1. 아이가 뒤처질 때

양소영 변호사의 둘째 딸은 국제중학교에 입학했을 때, 주변 친구들은 이미 한참 앞서나가는데 자신만 뒤처진다는 생각에 위축되고, 급기야 엄마 탓을 하기도 했습니다. 이때 양 변호사는 아이와 함께 허둥대거나 다그치지 않았습니다. 새로운 학원을 알아보는 대신, '괜찮아, 너의 시간을 믿는다'는 한결같은 원칙을 지켰습니다. 부모라는 단단한 벽에 기댄 아이는 결국 남 탓을 멈추고 자신을 돌아볼 수 있었고, 스스로의 힘으로 공부를 따라잡으며 자신감을 되찾았습니다.

시험대 2. 아이가 나태해질 때

양 변호사의 또 다른 원칙은 '간섭 대신 자율, 자율에는 책임'이었습니다. 이 원칙을 지키는 길은 험난했죠. 아이들은 숙제를 미루고 온종일 스마트폰만 들여다보기도 했습니다. 부모 마음은 타들어 갔지만, 끝까지 개입하지 않았습니다. 잔소리 대신, 아이가 스스로 결과를 책임지도록 일관된 태도를 보였죠. 잠시 다른 길로 샜던 아이들은 다시 책상에 앉았습니다. 그렇게 스스로 동기를 회복하고 실패를 딛고 일어서는 힘, 즉 회복탄력성을 온몸으로 배우게 된 것입니다.

고루한 원칙의 창대한 결과

혹시 '아이를 믿는다', '공부도 다 각자에게 맞는 때가 있다' 같은 말이 요즘 세상에 너무 안일하게 들리시나요? 이런 말은 시대착오적이고 무책임한 방임이라는 비난이 쏟아질지도 모릅니다. 왜

냐하면 그런 원칙은 부모 산업의 충실한 소비자가 되기를 거부하는 선언이기도 하니까요. 하지만 저는 감히 말씀드립니다. 방임이니, 시대 착오니 하는 그런 비난은 사교육 불안 마케팅의 포로가 된 사람들이나 하는 소리라고, 가볍게 무시할 수 있으면 좋겠다고요. 중요한 것은 원칙이 구식이냐 최신이냐가 아닙니다. 원칙이 있느냐 없느냐, 그 원칙을 지키려 노력하느냐 아니면 외면하느냐의 문제입니다.

오래전 스스로를 고루하다고 말했던 한 어머님이 있었습니다. 그분의 교육 원칙은 정말 요즘 세태와는 정반대였습니다. '평범한 삶을 믿는다', '결핍이 잠재력을 키운다', '실패는 꼭 필요하다', '가르치지 않으면 스스로 터득한다' 같은 원칙들을 갖고 있는 분이었습니다. 그런데 그 고루한 원칙의 결과는 세상을 깜짝 놀라게 할 만큼 창대했습니다. 바로, 만 15세 최연소 서울대 입학 기록을 세운 이수홍 군의 이야기입니다.

이 이야기를 '우리 아이와는 다른 천재 이야기'라고 생각하실지도 모르겠습니다. 중요한 것은 그 평범하고 고루해 보이는 원칙들이, 지금 우리 아이의 초등 시절, 혹은 중학 시절에 어떻게 적용될 수 있는지를 보는 것입니다. 이수홍 군의 이야기는 아이가 스스로 답을 찾을 때까지 기다려 주는 것, 실패해도 괜찮다고 말해 주는 것, 그런 원칙을 따랐을 때 10년, 15년 뒤 아이가 어떤 모습으로 성장할 수 있는지 보여 주는 미래 조감도입니다.

스스로 해결하게 한다는 원칙을 가진 어머니는 과학 발명품 대회에서 아이에게 기성품 키트를 사주지 않았습니다. 발명품은 조잡했고 상도 받지 못했지만, 아이는 그 과정에서 실패해도 괜찮다는 맷집과 어떻게든 되게 하는 문제 해결력을 배웠고, 이 힘은 중학교에서 빛을 발했습니다. 요즘 부모의 욕심이 빚어낸 인공적인 트로피가 아니었습니다. 평범한 삶에 대한 믿음이 스스로 틔워낸 잠재력의 폭발, '가르치지 않으면 스스로 터득한다'는 고루한 원칙이 얼마나 위대한지를 보여준 셈입니다.

다시 보기! 양소영 변호사의 교육법

양소영 변호사 가족의 이야기 역시 부모 원칙이 있을 때 어떤 상황에서도 일관된 양육이 가능하다는 것을 잘 보여주는 사례입니다. 양 변호사의 부모 원칙 세 가지를 소개합니다.

조기 사교육 대신, 아이 페이스 존중하기

많은 부모님이 조급함에 영어유치원이나 선행학습에 매달릴 때, 양 변호사는 과감히 방향을 수정했습니다. 첫째가 영어유치원에 적응하지 못하자 미련 없이 그만두었고, '초등 시절엔 충분히 놀아야 중·고교 때 달릴 힘이 생긴다'는 신념으로 각자의 속도와 호기심을 존중했습니다.

간섭 대신, 자율성·책임 부여하기

'부모가 통제의 손을 놓아야 아이가 자기 인생의 운전대를 잡는다'
는 원칙으로, 숙제 검사나 성적표 확인을 하지 않았습니다. 큰 권
한을 첫째에게 위임하는 가족 규칙을 두어 형제 스스로 문제를 해
결하도록 지켜봤습니다.

실패는 과정으로 수용하기

특목고 입시에 떨어진 첫째가 인생 망했다며 절망할 때, '괜찮아,
과정일 뿐이야'라며 끝까지 다독였습니다. 잠시 흔들리며 메이크
업 아티스트가 되겠다고 선언했을 때도, 진심으로 응원하는 태도
를 보였습니다.

양 변호사의 부모 원칙 역시 결과가 아닌 과정과 아이의 속도에 맞
춰져 있습니다. 부모 원칙은 거창한 슬로건이 아닙니다. 아이를 대
하는 매일의 태도와 선택을 지탱해 주는 뿌리입니다. 흔들리지 않
는 원칙이 있으면 아이의 실패도 도전의 일부가 되고, 부모의 불안
도 성장의 에너지로 바뀔 수 있습니다.

한눈에 비교하기

	원칙(WHY/나침반)	방법(HOW/지도)
특징	내면의 경험에서 나왔으므로 변하지 않음	외부 정보에서 왔으므로 유행 따라 변함. 불안에 쉽게 증발하고 표류함
역할	불안할 때 중심을 잡아줌	평온할 때 효율을 높여줌
예시	아이의 속도를 존중	학원 선행반 등록
위험	방법 없는 원칙은 공허할 수 있음	원칙 없는 방법은 불안에 쉽게 증발하고 표류함

10분 미션   나의 양육 유산 돌아보고 '북극성' 세우기

당신의 마음속 터파기를 시작해 보세요. 완벽하지 않아도 괜찮습니다. 당신의 경험 속에서 길어 올린 단 하나의 원칙이, 앞으로 당신과 아이의 여정을 지켜줄 든든한 등대가 될 것입니다.

1-1. 나의 양육 유산 돌아보기: 강점이 되는 기억

내가 부모님께 물려받은, 강점이 되는 가장 따뜻했던 기억 한 가지와 그때의 느낌을 떠올려 적어 보세요.

· 기억: ____

· 느낌: ____

[예시]

기억 1: 실패해도 괜찮다고 말없이 안아주셨다. → 안도감, 사랑받는 느낌

기억 2: 내가 만화책에 빠져 있을 때 혼내지 않고 함께 봐주셨다. →
존중받는 느낌, 즐거움

1-2. 나의 양육 유산 돌아보기: 상처가 되는 기억

내가 부모님과의 관계에서 **상처받은, 혹은 결핍**이 된 가장 아쉬웠던 기억 한 가지와
그때의 느낌을 떠올려 적어 보세요.

기억: ____

느낌: ____

[예시]

기억 1: 늘 동생과 비교하며 나를 부족하다고 말씀하셨다. → 억울함, 수치심

기억 2: 내가 속상해서 울 때 이유를 묻지 않고 '뚝 그쳐!'라고 소리치셨다. →
서러움, 무시당하는 느낌

2. 우리 집 '북극성' 세우기

위의 기억과 느낌을 바탕으로, '아이에게 이것만은 꼭 물려주겠다/대물림하지 않겠
다'는 우리 집만의 원칙 한 가지를 긍정문으로 만들어 보세요.

원칙: ____

[예시]

· 아이를 다른 아이와 비교하지 않고, 아이의 성장 자체를 구체적으로 칭찬한다.

· 아이가 실패했을 때 결과보다 아이의 속상한 마음에 먼저 공감하고 '괜찮아'라고
  말해주는 안전 기지가 된다.

· 아이의 감정 표현을 비난하지 않고, 어떤 감정이든 먼저 인정하고 이유를 묻는다.

3. 나의 원칙 지키기 연습

오늘 나를 불안하게 만들었던 외부 정보나 목소리("옆집 애는 벌써 ○○ 선행한대" 등)를 떠올려 보세요. 그리고 방금 세운 나의 원칙에 비추어, 그 정보 앞에서 나는 어떻게 다르게 반응할 수 있을지 딱 한 문장으로 적어 보세요. (앞에서 세운 원칙을 한 번 더 적고 그 아래 반응을 적어 보세요.)

원칙:
____

나의 반응:
____

[예시]

원칙: 아이의 속도를 존중하기

반응: 그 친구는 그렇구나. 우리 아이는 지금 이게 더 중요하고, 이 속도가 맞아.

상처가 깊을수록 원칙은 더 단단해질 수 있습니다. 당신의 모든 경험은 소중한 자산입니다. 오늘 찾은 이 원칙을 잘 보이는 곳에 적어두고, 불안이 찾아올 때마다 다시 꺼내 보세요. 속으로 되뇌어도 좋습니다.

FAQ

Q. 원칙을 세워도 자꾸 불안하고 흔들립니다. 어떻게 하죠?

A. 지극히 당연합니다. 원칙을 세우는 것이 1단계라면, 앞에서 확인한 '뇌의 비상벨(편도체 하이재킹)'에 맞서 '마음 근육'을 키우는 것이 2단계입니다. 불안이 밀려올 때 '나의 원칙 지키기 연습'을 반복해야 합니다. 1장의 '7초 멈춤' 기술도 함께 연습해 보세요. 원칙은 한 번에 완성되는 것이 아니라, 매일의 선택 속에서 다져지는 것입니다.

Q. 저의 과거(상처)가 너무 어두워서 원칙을 세울 강점이 없습니다.

A. 그렇지 않습니다. '터파기'의 핵심은 강점만 찾는 것이 아니라 상처를 재해석하여 원칙의 재료로 삼는 것입니다. '나는 사랑받지 못했다'는 상처는 '그래서 나는 내 아이에게 조건 없이 사랑받는 존재임을 매일 알려 주겠다'는 가장 강력한 원칙의 주춧돌이 될 수 있습니다. 당신의 경험은 소중한 자산입니다.

Q. 아무리 생각해도 이렇다 할 원칙이 생각나지 않아요.

A. 원칙이라는 말이 거창하게 들릴 수 있습니다. 많은 부모님이 원칙을 세워야지 다짐하면서도, '옆집 애는 벌써 선행한대', '△△학원이 좋다더라' 같은 말을 들으면 애써 세운 원칙도 금방 흔들린다고 하소연합니다. 지극히 당연한 감정입니다. 부모 산업은 정확히 우리의 그 불안을 자극하니까요. 원칙이 명확히 서지 않을 때는, 그 정보를 받아들일지 말지 결정하기 전에 스스로에게 결정적 질문을 던지는 연습을 해보시길 권합니다. 다음 장의 질문들은 나의 진짜 동기가 무엇인지 점검하도록 돕는 훌륭한 원칙이 되어주며, 외부 정보 앞에서 나의 행동이 아이의 성장에 부합하는지, 아니면 단지 나의 불안 해소를 위한 것인지 성찰하도록 도울 것입니다.

불안한 마음에 던지는 질문들

- **조기 교육의 골든타임을 놓치는 게 아닌지 불안해.**
- → 나는 이 상품/정보를 아이의 내재적 호기심을 키우기 위해 찾는가,
  아니면 나의 불안을 해소하기 위해 찾는가?
- **아이 문제 행동을 빨리 교정해야 할 것 같아 불안해.**
- → 이 방법은 아이 내면과 연결되도록 돕는가, 아니면 외적 행동 통제를 위한
  손쉬운 방편인가?

· **아이를 모든 위험에서 완벽히 통제하고 싶어. 감시 앱을 써야 할까?**

→ 나는 이 도구를 합리적 위험 관리를 위해 찾는가, 아니면 세상에 대한
　나 자신의 불안을 관리하기 위해 찾는가?

· **아이 스케줄을 빈틈없이 관리해야 안심이 돼.**

→ 나의 개입은 아이가 더 독립적이 되도록 힘을 실어주는가, 아니면 나의 통제에
　더 의존하게 만드는가?

· **'창의력'도 상품으로 구매해서 길러줘야 할 것 같아.**

→ 나는 아이 스스로 사고하는 도구를 제공하는가, 아니면 '창의적인 아이'를
　약속하는 상품을 구매하는가?

· **바쁜 스케줄 속 건강 문제는 영양제 등으로 해결하고 싶어.**

→ 나는 아이가 건강하지 못한 시스템에 적응하도록 상품을 구매하는가,
　아니면 시스템으로부터 아이를 보호하려 노력하는가?

· **온라인 커뮤니티에서 비교되니까, '장비빨'을 과시하고 싶어.**

→ 나는 우리 가족의 가치와 필요에 기반해 선택하는가, 아니면 온라인에서
　판매되는 라이프스타일의 영향을 받는가?

· **관계 개선도 상품으로 해결하고 싶어. 퀄리티타임 육아 상품을 살까 해.**

→ 나는 관계 개선을 위해 상품을 찾는가, 아니면 대신 나의 관심과 정성을
　투자해야 하는가?

6장

기초 다지기,
행복한 관계가 최고의 콘크리트다

과거 경험을 성찰하며, 흔들리지 않는 원칙을 세우는 터파기 작업을 마쳤습니다. 이제 그 단단히 다져진 터 위에 우리 집의 무게를 고르게 지탱하고, 어떤 비바람에도 흔들리지 않게 할 '기초 콘크리트'를 부을 차례입니다. 기초 콘크리트란 바로 부모와 아이 사이의 안정적이고 서로를 지지하는 관계입니다.

불타는 집에서 액자를 바로 걸고 있겠습니까?

학부모님들께 종종 이런 질문을 드립니다. "집에 불이 났습니다. 시커먼 연기가 치솟고 불길이 번지고 있습니다. 가장 먼저 무엇을 해야 할까요?" 답은 누구나 압니다. 일단 사람부터 구하고, 119에 신고하고, 불길을 잡아야죠. 불타는 집에서 액자를 바로 걸고 있는 사람은 없을 겁니다. 하지만 우리는 아이의 문제 앞에서, 불타는 집 안에서 가구 배치를 바꾸려는 어리석음을 매일 저지르는지도 모릅니다. 아이가 숙제는 안 하고 게임만 할 때(연기가 치솟을 때), 혹시 아이와의 관계(불길)가 이미 틀어지고 있는 건 아닐까요? 아이의 문제 행동(게임 과몰입, 성적 하락, 스마트폰 과다 사용 등)은 시커먼 연기일 뿐입니다. 진짜 불길은 부모와 아이 사이의 관계가 타들어가고 있다는 사실 그 자체죠.

그런데 많은 부모님이 연기만 쫓다가 정작 모든 것을 삼키고 있는 관계의 불길은 보지 못합니다. 제가 "아이의 문제 행동은 일단 외면하십시오. 지금은 관계 회복에만 모든 것을 쏟아야 합니다"라고 말씀드리면, 부모님들의 얼굴에는 당혹감과 저항감이 스칩니다. 머리로는 이해하지만 마음이 도저히 따라주지 않는 것이지요. 왜 그럴까요?

첫째 이유, 세상의 목소리 때문입니다. 학교의 전화('아이가 또 문제를…')나 주변의 훈수('애를 꽉 잡아야 해')가 관계 회복의 결심을 무너뜨립니다. '역시 내 방식이 틀렸나 봐. 남들처럼 혼내는 게 정답이야.' 하는 생각이 들죠. 주변 시선이라는 압박이 당신을 다시 아이의 문제를 고쳐놓으려는 부모 자리로 돌려놓습니다.

둘째는 당신의 상식 때문입니다. '잘못했으면 벌 받고 고쳐야지, 어떻게 저런 행동을 보고 웃어줄 수 있나?' 하는 식의 오랜 믿음은 강력합니다. 하지만 기억해야 합니다. 당신의 가정은 정의를 구현하는 법정이 아니라, 사람이 다칠 수 있는 화재 현장입니다. 화재 현장에서 가장 중요한 것은 잘잘못을 따지는 것이 아니라 사람을 살리는 것입니다.

셋째 이유는 지친 마음 때문일 겁니다. 저도 이해합니다. 며칠째 씻지도 않고 게임만 하는 아이의 등을 보며 따뜻한 말을 건네기는 거의 불가능에 가깝습니다. 방문을 걷어차고 싶은 분노를 억누르는 것만도 대단한 일이죠. '아이가 저 모양인데 어떻게 사이좋게 지낼 수 있어?'라는 마음의 외침은 너무나 솔직하고 인간적입니다.

하지만 우리는 선택해야 합니다. '당장 느끼는 심정을 따를 것인가, 아니면 아이를 살리는 길을 택할 것인가?' 여러분이 아이의 문제 행동에 집착하여 훈계하고 비난하고 통제할 때, 아이는 잔소리를 들으며 반성하는 것이 아니라, '역시 나는 사랑받을 가치가 없구나' 하는 절망만 키울 따름입니다. 오히려 아이가 문제 행동 속으로 점점 깊이 빠질 뿐이죠.

아무리 급하고 눈앞의 행동이 끔찍하더라도 일단은 의식적으로 외면해야 합니다. 이는 결코 포기나 방치가 아닙니다. 가장 절박하고 현명한 응급 조치입니다. 연기를 따라가는 대신 불의 근원을 향해 달려가야 합니다. 관계의 불길을 끄는 소화기는 조건 없는 수용과 따뜻한 연결뿐입니다.

아이의 문제 행동 앞에서 아무것도 해결하려 하지 마십시오. 대신 함께 밥 먹고, TV 보며 웃고, 그저 시간을 보내십시오. 잔소리 대신 산책하며 대화하십시오. 다른 방법이 없습니다. 일단 함께 잘 지내면서 끊어진 관계의 파이프라인을 다시 연결하십시오. 사랑이라는 물이 흐르기 시작하면, 신기하게도 시커먼 연기가 서서히 걷히기 시작합니다.

초등학교 6학년 아이가 부모의 잔소리가 쌓이자 방문을 닫고 대화를 거부하기 시작했습니다. 부모는 한 달간 잔소리를 멈추고, 아이가 좋아하는 보드게임을 매일 저녁 함께 했습니다. 아이는 조금씩 표정이 밝아졌고, 먼저 학교 이야기를 꺼내기 시작했습니다. 중학교 1학년 딸이 스마트폰 문제로 거짓말을 하기 시작하자, 부모는 사용 시간을 문제 삼는 대신 주말마다 함께 딸이 좋아하는 베이킹을 했습니다. 관계가 회복되자 딸은 먼저 '엄마, 사실 제가 스마트폰 쓰는 시간을 잘 못 지켰어요'라고 솔직하게 털어놓았습니다.

물론 쉬운 일은 아닙니다. 오늘날 대한민국 부모들은 '좋은 부모의 덫'에 대부분 걸려 있기 때문이죠. 자신도 모르게 사랑이라는 이름으로 아이의 성적을 관리하고 통제하는 관리자, 즉 집약형 모델에 구속되어 있는 경우가 많습니다. 너무나 안타깝게도 저는 종종 이런 고백을 듣습니다. "소장님, 아이 성적 올리려고 정말 안 해본 게 없어요. 그런데 애를 아무리 잡아도 성적은 제자리걸음이고, 아이는 저를 벌레 보듯 쳐다봐요." 아이의 성공을 위해 관계를 희생했는데, 결과적으로 아이의 잠재력마저 무너지는 비극이 일어난 것입니다.

저는 이런 안타까운 현상을 '성적 역설'이라고 부릅니다. 실제로 다수의 연구는 부모의 지나친 성취 압박이 오히려 자녀의 학업 스트레스를 높이고 학습 동기를 저하시킨다고 보고합니다. 성적을 위해 관계를 희생하는 선택이 과학적으로도 가장 비효율적인 전략인 셈입니다.

제발 아이를 빼앗기지 마세요

상담실에서 만난 한 어머님이 몸을 떨며 절규했습니다. "소장님, 집에서는 그렇게 착하던 아이가 학교 폭력을 저질렀다는 연락을 받았어요." 또 다른 아버님은 핏기 없는 얼굴로 말씀했죠. "아이가 저희 부부 얼굴 사진을 괴물처럼 합성해서 온라인 친구들과 돌려보며 조롱하고 있었답니다. 어떻게 우리한테 이럴 수 있습니까!"

물론 이런 극단적인 상황이 남 얘기처럼 들릴 수도 있겠습니다만, 아이와의 관계가 무너졌을 때 어떤 일까지 벌어질 수 있는지 보여주는 경고의 메시지로 눈여겨보시면 좋겠습니다. 아이들이 어릴 때부터 관계 악화는 이미 작은 문제들을 일으킵니다. 부모와의 관계가 소원해진 초등학생 아이가 속마음을 숨기고 작은 거짓말을 하기 시작하거나, 중학생 아이가 언제부터인가 말수가 줄어든 모습을 보입니다. 지금은 눈에 잘 보이지 않는 작은 균열처럼 보일지라도, 나중에는 걷잡을 수 없이 크게 벌어질 수 있습니다.

아이에 대한 배신감에 몸을 떠는 부모님 마음, 왜 모르겠습니까. 하지만 바로 그 순간 우리는 가장 중요한 질문을 놓치고 있습니다. 아이의 행동만 문제 삼으며 아이를 궁지로 모는 동안, 우리는 '아이가 왜 이런 행동을 할 수밖에 없었는가' 하는 아이의 절박한 사정은 철저히 외면하게 되기 때문입니다.

문제의 대부분은 가정의 심리적 영양실조에서 비롯됩니다. 아이 마음이 건강하게 자라기 위해 필요한 세 가지를 저는 '3대 마음 영양소'라고 이름 붙였습니다. 소속감(사랑받고 있다는 느낌), 자율감(스스로 선택한다는 느낌), 유능감(자신도 필요한 존재라는 느낌)입니다. 이는 모든 인간이 건강하게 성장하기 위해 필요한 보편적인 심리 욕구를 밝히는 '자기결정성이론Self-Determination Theory, SDT'을 토대로 합니다. 자기결정성 이론에서도 관계성(타인과 따뜻하게 연결되고 사랑받고 싶어 하는 욕구), 자율성(자신의 행동을 스스로 선택하고 결정하고 싶어 하는 욕구), 유능성(자신이 유능하고 필요한 존재라고 느끼고 싶어 하는 욕구)을 세 가지 필수 심리 욕구로 꼽았습니다. 이 세 가지 심리적 영양소가 충분히 공급되면 아이들은 건강한 동기를 발휘하여 잠재력을 실현하지만, 결핍되면 동기 저하, 정신적 어려움, 문제 행동으로 드러납니다.

마음의 영양소는 매일 먹는 음식과 똑같습니다. 어릴 때 사랑을 듬뿍 줬으니 괜찮다는 생각, 예전에 칭찬을 많이 했으니 지금 다그쳐도 된다는 믿음은 착각입니다. 일상에서 마음의 영양소를 충분히 얻지 못한 아이는 마치 굶주린 사람처럼 다른 식탁을 찾아 헤맵니다. 그러다 자신을 받아주고 인정해 주는 새로운 집단(온라인 커뮤니티, 또래 집단 등)을 만나는 순간, 돌변할 수도 있습니다.

만일 질 낮은 방식으로라도 마음의 허기를 채우려 한다면, 무서운 심리 기제가 아이를 삼켜버릴 것입니다. 새로운 집단에 대한 소속감을 증명하기 위해 가족을 향한 심각한 문제 행동(가족 조롱, 비난 등)도 서슴지 않게 됩니다. 자신을 굶주리게 한 가족을 향한 복수가 시작되는 셈이죠.

이런 흐름이 바로 지금 우리나라 가정에서 벌어지고 있는 비극의 각본입니다. 아이가 보내는 수많은 구조 신호를 문제 행동이라는 이름으로 틀어막고, 아이의 비명을 반항이라는 말로 묵살하며, 아이의 마음이 굶주리는 동안에 우리는 도대체 무엇을 하고 있을까요? 겉으로 드러난 증상에만 온통 신경을 쓰다가 급하게 약(훈육, 통제)을 처방하여 해결하려 드는 건 아닐까요?

제발 아이를 빼앗기지 마십시오! 부모가 든든한 영양 공급자가 되어주지 않는 한, 아이는 돌아오지 않을 겁니다. 지금 아이들에게 필요한 것은 논리적인 지적이 아닙니다. 비록 마음에 들지 않더라도, 어떤 모습이든 있는 그대로 안아주는 부모의 품입니다.

관계의 찌꺼기를 청소하라

아이에게 좋은 것을 주려는 부모의 마음은 의심할 여지가 없습니다. 좋은 학원, 좋은 환경, 좋은 경험까지 챙겨주고 싶습니다. 하지만 이런 외부 자원들이 아이에게 제대로 전달되려면 반드시 거쳐야 하는 통로가 있습니다. 바로 부모와 아이 사이 관계의 파이프라인입니다.

이 파이프라인이 깨끗하고 튼튼하게 연결되어 있을 때, 부모의 사랑과 지지, 그리고 아이 성장에 필요한 3대 마음 영양소(소속감, 자율감, 유능감)가 막힘없이 흐릅니다. 이것이 바로 건강한 가족 관계와 긍정적인 친구 관계를 통해 얻는 양질의 마음 영양소입니다. 이 영양소가 아이의 마음을 건강하게 채울 때, 부모가 제공하는 외부 자원(학원 등) 역시 아이의 성장을 돕는 약이 될 수 있습니다.

비난, 통제, 과도한 기대, 끊임없는 잔소리, 무시, 비교, 그리고 부모 자신의 관리되지 않은 불안감 등 찌꺼기들로 파이프가 꽉 막혀 있으면, 부모가 아무리 좋은 것을 쏟아부어도 아이에게 제대로 전달되지 않습니다. 오히려 부모의 노력이 아이에게는 압박과 스트레스, 독으로 작용할 뿐입니다.

파이프가 막힌 아이는 어떻게든 마음 영양소를 찾아 즉각적인 만족을 주는 다른 통로를 찾아냅니다. 바로 게임과 SNS 같은 온라인 세상입니다. 비록 온라인 세상에서 찾은 마음 영양소가 저질

일지라도, 아이는 그 안에서 강렬한 소속감(길드, 팀, 커뮤니티), 자율 감(내 캐릭터, 내 선택한 관계), 유능감(레벨업, 승리)을 만끽합니다. 저질 영양소로 허기를 채울 때 나타나는 증상은 일종의 중독으로 볼 수 있습니다.

이는 캐나다의 심리학자 브루스 알렉산더Bruce Alexander 박사의 쥐 공원Rat Park 실험과도 맥락이 같습니다. 쥐 공원 실험은 중독이 약물 자체의 문제가 아니라 환경의 문제일 수 있음을 증명했습니다. 비좁고 외로운, '격리된 우리'에 갇힌 쥐들은 마약이 든 물을 죽을 때까지 마시며 중독되었습니다. 하지만 장난감과 친구들이 가득한 풍요로운 쥐 전용 '공원'에 사는 쥐들은 달랐습니다. 똑같이 마약 물이 주어졌음에도 거의 입에 대지 않고 즐거운 사회적 교류와 놀이를 택했습니다.

이 실험은 아이들에게도 똑같이 적용됩니다. 공원(따뜻하고 안정적인 관계, 즉 양질의 영양소가 흐르는 파이프)을 잃어버릴 때, 격리된 우리(단절감, 무력감) 속에서 마약 물(저질의 영양소)을 찾게 되는 것입니다. 따라서 부모가 가장 먼저 해야 할 일은 학원을 바꾸거나 스마트폰을 빼앗는 것이 아닌 파이프를 막고 있는 찌꺼기를 청소하는 것, 즉 관계 회복입니다.

비난 대신 공감을, 통제 대신 존중을, 잔소리 대신 경청을 선택하는 작은 노력들이 막힌 파이프를 뚫는 가장 확실한 방법입니다. 관계의 파이프가 깨끗해져 양질의 마음 영양소가 다시 흐르기 시작할 때, 아이는 저질 영양소에 기댈 필요가 없이 건강하게 성장할 힘을 얻게 됩니다.

부모의 '듣기'가 만드는 아이 뇌의 기적

아이의 입은 이미 닫히고, 관계에 적신호가 커진 심각한 상황이 닥쳐서야 부모님들은 뒤늦게 아이의 목소리를 듣고 싶어 합니다. 발등에 불이 떨어지기 전까지 듣기의 중요성은 철저히 무시되곤 하죠. 저는 그 원인을, 앞에서 이야기했던 거대한 부모 산업에서 찾습니다. 지금 안 하면 뒤처진다는 공포 마케팅의 소음에 파묻힌 부모는 자신도 모르는 사이에 보호자가 아닌 소비자로 변질되곤 합니다. 아이의 목소리는 귀 기울여야 할 이야기가 아니라, 관리하고 개선해야 할 프로젝트가 되어 버립니다.

이 부모-소비자 심리는 듣기를 방해하는 결정적인 장애물입니다. 아이가 '엄마, 있잖아…' 하고 말문을 열면, 프로젝트 관리자가 된 부모의 뇌는 즉각 문제점 분석 모드로 전환합니다. 아이의 표정, 말투에서 문제의 단서를 찾아내고 가장 효율적인 해결책을 제시해야 한다는 강박에 사로잡히죠. '숙제는 다 했니?', '그 친구랑 또 싸웠어?' 같은 진단과 처방의 말이 먼저 튀어나옵니다. 아이의 마음을 듣는 대신, 문제 상황을 통제하려는 시도가 앞서는 거죠. 아이는 입을 닫습니다. 부모의 불안감과 조급함이 만든 벽 앞에 선 아이는 조금씩 자기 이야기 꺼내놓기를 포기합니다.

반면 아이가 '엄마는 내 편'이라고 느끼는 순간, 아이의 뇌에서는 사랑의 호르몬 옥시토신이 분비됩니다. 불안과 스트레스를 완화하는 천연 진정제 역할을 하죠. 부모가 차분하게 아이의 감정을 받아줄 때, 아이 뇌의 스트레스 반응은 가라앉고 이성의 뇌가 다시 힘을 얻습니다. 뇌과학자들은 이를, '부모가 아이의 외부 신경계가 되어주는 과정'이라고 설명합니다. 특히 감정 조절 능력이 아직 발달 중인 사춘기쯤의 아이들에게 부모의 차분한 경청은 뇌 발달에 결정적인 도움을 줍니다.

예를 들어 볼까요? 유치원에서 친구와 다투고 속상해서 장난감을 던지며 우는 아이에게 부모가 '이러면 못 써!'라고 야단치는 대신, '친구가 안 끼워줘서 정말 속상했구나'라고 감정에 이름을 붙여주자 아이는 금세 울음을 그칩니다. 단원평가를 망치고 '나 진짜 바보인가 봐' 하며 자책하는 초등학생 아이에게 '그런 소리 하지 마!'라고 다그치는 대신, '시험을 못 봐서 스스로에게 많이 실망했구나. 얼마나 속상할까'라고 공감해 주자, 아이는 눈물을 훔치며 "다음엔 더 잘할 수 있을 것 같아"라고 말합니다.

감정에 이름을 붙이는 행위만으로도 아이 뇌의 감정 사이렌(편도체)은 꺼지고, 이성의 관제탑(전전두피질)이 다시 불을 밝힙니다. 이름을 붙이면 제어할 수 있다는 뇌과학의 원리가 작동한 것이죠.

하버드 아동발달센터가 강조하는 '서브 앤 리턴Serve and Return'

역시 마찬가지입니다. 아이가 말이나 행동으로 공을 던지면Serve, 부모가 관심과 반응으로 공을 받아주는Return 상호작용이 아이 뇌 발달의 핵심입니다. 거창할 필요 없습니다. 아이가 학교 다녀와서 "오늘 급식 맛없었어"라고 투덜거릴 때, "오늘 급식 뭐 나왔는데?" 하고 관심을 보이는 것만으로도 아이의 뇌에는 긍정적인 연결이 강화됩니다.

부모 산업이 일으키는 불안과 혼란의 소음에서 잠시 벗어나 보십시오. 아이에게 진정 필요한 것은 자신의 이야기를 판단 없이 들어주는 부모의 귀, 따뜻하게 바라보는 눈, 말할 기회를 열어주는 침묵 아닐까요? 이런 부모에게서 자란 아이의 뇌는 정서적으로 안정되고, 사회적으로 유능하며, 스스로를 믿는 힘을 기르게 됩니다. 요즘 부모님들이 그토록 관심 가지는 사회정서 학습, 따로 할 필요가 없을 수도 있습니다. 아이가 다가와 "있잖아…" 하고 말을 걸어올 때, 세상의 모든 소음을 잠시 차단하고 아이의 목소리에만 집중해 보십시오. 비록 작은 실천이지만 아이의 뇌에는 평생 필요한 마음의 안정과 회복탄력성이 차곡차곡 쌓일 겁니다.

대치동 학원에서, 유독 지적이고 날카로운 부모님들을 만날 때가 있었습니다. 특히 학원의 문제점을 따질 때, 그 명석함은 한 치의 흐트러짐 없이 빛을 발합니다. 시스템의 허점, 강사의 부적절한 발언 하나까지 완벽한 논리로 조목조목 지적하면, 듣는 직원들은 진땀을 흘리기 일쑤죠. 저는 상담실에서 그런 부모의 흔들림 없는 얼굴을 마주하며, 같은 학원에 다니는 아이의 친구들조차 그 집 아이에게 "너, 참 힘들겠다"고 위로하던 장면을 떠올립니다. 그리고 집 식탁에서 매일 벌어질 철저한 심판의 풍경을 그려 봅니다.

명석한 부모님들이 아이의 처지를 헤아리지 못하고 재판관이 되는 이유는 아마도 이미 부모 역할에 지쳐 심리적 보상을 바라기 때문인지도 모릅니다. 아이와 팽팽한 신경전을 거듭하다 지칠 즈음, '나는 옳고, 너는 틀렸다'는 사실이 증명되는 순간, 부모는 복잡한 책임감에서 잠시 벗어날 수 있습니다. 부모가 논리에서 승리하는 동안 아이는 철저하게 패배하고 고립됩니다. 소수만 성공하고 다수가 실패하는 우리 현실에서 필요한 것은 아이의 잘못을 증명하는 논리가 아닙니다. 재판을 멈추고 외로운 아이의 손을 잡아줄 때, 비로소 아이는 무너진 자존감을 회복하고 다시 일어설 용기를 얻습니다.

어른의 무게, 이제 내려놓으시죠

"소장님, 제가 뭘 알아야 가르치죠. 요즘 애들 말은 외계어 같고 걔들이 뭘 하는지 도통 모르겠어요." 상담실에 오신 한 아버님의 솔직한 고백입니다. 많은 부모님이 자신도 모르는 사이 부모라는 무거운 책임감이 만들어낸 갑옷을 입게 됩니다. 아이 앞에서 약한 모습을 보여서는 안 되고, 언제나 정답을 알려주어야 한다는 강박이 온몸을 옥죄는 갑옷이죠. 저는 부모로서 가지는 부담감을 '부모 우월주의'라고 이름 붙였습니다. 우리는 이 갑옷의 무게에 짓눌려 정작 아이의 마음을 제대로 못 보고 있는 건 아닐까요? 아이와 진심으로 소통하고 이 책에서 제안하는 협력형 모델을 쉽게 받아들이는 부모님들에게는 공통점이 있었습니다. 아이를 가르쳐야 할 대상이 아닌, 함께 세상을 배워가는 동료로 대하고 있었죠.

혹시 이런 장면, 이미 경험하지 않았나요? 새로 설치한 스마트홈 기기가 말을 듣지 않아 쩔쩔맵니다. 설명서를 뒤적이다 지쳐갈 때쯤, 방에서 나온 열 살 아이가 화면을 몇 번 쓱쓱 만지더니 문제를 단박에 해결해 버립니다. 사회가 급변하는 시대에 흔히 있는 일이죠. 어른이 아이를 가르치는 것이 당연했던 세상에서, 이제 아이가 어른의 스승이 되는 순간이 일상 곳곳에서 펼쳐집니다.

과거 농경사회에서는 어른의 경험이 곧 권위의 원천이었습니다. 장유유서 문화를 따르는 것이 가장 확실한 생존 전략이었던 시대입니다. 하지만 지금은 어떻습니까? 지식이 끊임없이 갱신되는 시대이고, 그 변화의 중심에 우리 아이들이 있습니다. 아이들은 디지털 원어민이고 우리는 디지털 이민자에 가깝죠. 아이와 부모는 세상을 이해하고 소통하는 방식 자체가 다른 세대입니다. 어른과 아이의 서열이 무너진 세상, 저는 지금이 오히려 어른의 무게를 내려놓을 수 있는 절호의 기회라고 생각합니다. 부모가 새로운 앱 사용법을 아이에게 겸손하게 물어볼 때 부모는 권위를 잃는 것이 아니라 평생 학습의 자세와 유연성을 몸소 보여 주는 가장 훌륭한 본보기가 되는 것입니다. '어른 말 들어!'라며 아이들의 세계를 존중하지 않으면, 부모는 자녀의 삶에서 점점 외로운 섬이 될 수밖에 없습니다.

아이들의 뇌, 특히 청소년의 뇌는 미성숙한 뇌가 아니라 새로운 것을 탐험하고 빠르게 배우도록 최적화된 고성능 학습 엔진에 가깝습니다. 아이 뇌의 빠른 적응력과 창의성, 부모 뇌의 장기적 관점과 안정성이 만날 때, 수직 관계에서 벗어나 전략적 파트너십이 가능합니다.

이 점은 제가 현장에서 직접 확인한 사실이기도 합니다. 유독 가족 관계가 좋은 경우를 연구해 보니 아이에게 기꺼이 배우려는 부모님들이 많았습니다. 이 부모님들이야말로 앞에서 얘기한 3대 마음 영양소, 그중에서도 유능감을 제대로 채워주고 있었던 겁니다. 아이는 부모를 가르쳐 주면서 자신이 가치 있고 유능한 존재임을 체감하고 있었던 것이죠.

부모는 아이를 가르쳐야 한다는 부담감을 내려놓아 좋고, 아이는 유능감을 채우며 부모와 가까워져서 좋습니다. 이제 무거운 갑옷을 벗어 던질 시간입니다. 낡은 권위주의를 내려놓고, 모든 것을 알지 못함을 인정하는 용기, 내 아이에게서 기꺼이 배우려는 겸손을 보일 때 우리는 비로소 자유로워질 수 있습니다. 어른의 무게를 내려놓는 것은 결코 약점을 드러내는 일이 아닙니다. 아이의 세상

과 가능성을 존중하는 가장 깊은 사랑의 표현이자, 아이와 함께 성
장하는 부모에게도 꼭 필요한 미래 전략입니다.

이기적인 부모의 역설

이렇게 부모님들께 설명드리고 있는 저 또한, 한때는 좋은 부모가
될 자신이 없었습니다. 아이에게 온전히 헌신하는 부모가 될 자신
이 없었기 때문입니다. 제 안에는 삶을 통해 무언가를 이루고야 말
겠다는 욕구가 너무 강했고, 아이가 태어난 후에도 그 불꽃은 조금
도 사그라들지 않았습니다. 아이가 잠든 새벽에 글을 썼고, 주말에
도 상담실로 향하는 날이 더 많았습니다. 아이와 많은 순간을 함께
하며 행복해하는 다른 부모를 볼 때마다 마음 한구석에는 늘 시커
먼 죄책감이 있었습니다. '나는 나쁜 부모인가?' 하는 날카로운 질
문이 수시로 저를 찔렀습니다.

그래서 결심했습니다. 어설프게 희생하는 부모 흉내를 내며 스
스로를 불행하게 만드느니 차라리 솔직해지자고요. 아이의 일거
수일투족을 관리하는 대신, 저의 일과 성장에 집중했습니다. 아이
의 숙제를 점검하고 계획표를 짜주는 대신, 아이가 스스로 부딪히
고 깨지도록 한발 물러서서 지켜보았습니다.

어쩌면 제 죄책감을 덜기 위한 이기적인 선택이었을지 모릅니
다. 하지만 의도적인 거리 두기는 예상치 못한 결과를 가져왔습니

다. 저와 아이 사이에는 관리와 통제에서 비롯되는 갈등이 거의 없었습니다. 제가 시시콜콜 개입하지 않으니, 아이는 반항하거나 속일 필요가 없었습니다. 아이는 아주 어릴 때부터 자신의 일을 스스로 결정하고 책임지는 법을 터득해 나갔습니다. 제가 채워주지 않은 빈자리를 스스로 채우며 독립적인 존재로 자라난 것입니다.

그런 덕분에 저와 아이 사이 관계의 파이프라인은 한 번도 끊어지거나 막힌 적이 없었습니다. 갈등의 찌꺼기가 쌓일 틈이 없었기에 사랑과 신뢰라는 맑은 물이 언제나 막힘없이 아이에게 흘러갈 수 있었습니다. 아이는 제가 자신의 삶을 존중한다는 것을 알았고, 저 역시 아이가 훌륭히 길을 찾아가리라 믿었습니다. 우리는 서로 독립적이면서도 가장 든든한 동료가 되었습니다. (물론 이건 제 생각이고 아이들 생각은 확인하지 않았습니다만, 제 딸이 대학 입시 자소서 첫 줄에, '우리 부모님은 나에게 이래라저래라 한 적이 한 번도 없다'고 쓴 건 봤습니다.) 나의 삶을 지키려 했던 이기심이 역설적으로 아이들이 스스로 삶을 책임지게 만들었습니다. 한계에서 비롯된 의도치 않은 선물은, 내려놓음의 힘이 얼마나 필요한지를 가르쳐 주었습니다.

혹시 아이를 너무 사랑한 나머지, 아이의 삶을 송두리째 삼켜버리고 있지는 않습니까? 아이와의 관계가 힘겹다면, 스스로에게 물어보십시오. 여러분의 지극한 헌신이 실은 아이를 망가뜨리고 여러분 자신마저 불행하게 만든 가장 큰 원인은 아니었는지를 말입니다.

부모님 뇌도 자라고 있습니다

"소장님, 저는 정말 좋은 엄마 되기 틀렸나 봐요. 원래부터 참을성이 없는 사람이라서요." 아이에게 또 소리를 지르고 만 밤, 많은 부모님이 '나는 원래 이런 사람'이라며 무력감에 빠지곤 합니다. 그러나 부모가 되는 경험은 우리 뇌를 재창조하고 있다는 사실을, 지금의 성격도 얼마든지 바뀔 수 있는 뇌의 상태에 가깝다는 것을 부모과학을 공부하며 알게 되었습니다.

우리 뇌에는 경험에 따라 구조와 기능을 계속 바꾸고 재정비하는 '가소성'이 있습니다. 그리고 부모가 되는 것은 아마도 우리 뇌가 일생 동안 겪는 가장 역동적이고 극적인 재탄생 과정일 겁니다. 아이를 돌보는 모든 경험이 부모의 뇌에 부모의 길은 물론, 이전과 다른 삶으로 나아갈 수 있는 길을 새롭게 만들어내는 거죠. 물론 뇌에는 이미 익숙한 자신만의 성격과 습관이 존재합니다. 하지만 부모됨이라는 위대한 경험은 새로운 길을 여는 엄청난 힘으로 작용합니다.

지금 여러분의 양육 방식이 서툴고 만족스럽지 못하더라도, 그것은 나쁜 부모라서가 아닙니다. 아직 부모 역할이라는 새로운 길을 만들고 있는 중이기 때문입니다. 얼마든지 새로운 양육 태도를 학습하고 변화할 수 있습니다. 더욱 놀라운 사실은, 이 과정이 부모님 자신의 상처를 치유하고 성장시키는 기회도 된다는 점입니다. 아이를 키우는 일이 결국 나 자신을 키우는 일이 되는 셈이죠.

더 이상 '나는 원래 이런 사람'이라는 말에 스스로를 가두지 마세요. 여러분의 뇌는 아이와 함께 매일 성장하고, 변화하고, 새롭게 태어나고 있습니다.

공부머리라는 착각을 넘어

"소장님, 우리 애는 머리는 좋은 것 같은데… 노력을 안 해요. 역시 공부머리는 아닌 거 같아요." 많은 부모님이 마치 약속이라도 한 듯 공부머리 신화에 사로잡혀 있습니다. 아이가 공부를 잘하는 두뇌를 타고났기를 바라고, 혹시 그렇지 않을까 봐 전전긍긍하죠. 하지만 제가 아이들의 공부를 돕기 위해 진심을 다하면서 내린 결론은 명백했습니다. 입시 경쟁이라는 전쟁터에서 마지막에 웃는 아이는 공부머리가 좋은 아이가 아니었습니다. 바로, 부모라는 든든한 안전 기지를 가진 아이들이었습니다.

이것이 단순히 심리적인 위안에 그치는 이야기가 아닌 이유를, 아이 뇌에서 벌어지는 놀라운 드라마를 통해 설명해 드리겠습니다. 아이의 뇌에 두 명의 경비원이 살고 있다고 상상해 보십시오. 한 명은 불안하고 예민한 '생존 경비원', 다른 한 명은 차분하고 호기심 많은 '학습 경비원'입니다.

부모와 갈등이 심하고 늘 긴장이 가득한 집의 아이, 그 아이의 뇌에는 생존 경비원이 비상벨을 누르며 24시간 근무를 섭니다. 부모의 잔소리, 화난 표정 같은 위협에 대비하느라 뇌의 많은 에너지를 소진하죠. 뇌의 상태가 생존 모드가 되면 학습에 필요한 문을 모조리 닫아겁니다. 이성의 목소리를 내는 상황실(전전두피질)과의 연결은 끊기고, 불안의 사이렌(편도체)만 시끄럽게 울려대죠. 아무리 좋은 강의를 듣고 문제집을 풀어도 머리에 들어올 리가 없습니다.

반면, 부모와 따뜻하고 안정적인 관계를 맺고 있는 아이의 뇌는 학습 경비원이 활기차게 일하는 학습(성장) 모드 상태를 계속 유지합니다. 아이의 뇌가 최상의 학습 컨디션을 유지하는 비밀, 바로 정서적 안정에 있습니다.

성적을 결정하는 진짜 힘은 아이 개인의 공부머리가 아니라는 사실을 입증하는 연구 결과들은 충분합니다. 대표적으로 심리학자 마틴 셀리그만Martin Seligman의 연구에서 자기 조절력이 IQ보다 두 배이상 더 강력한 예측 변수임이 밝혀졌습니다. 아이의 성공에 필요한 진짜 능력은 타고난 지능이 아니라, 학습을 방해하는 유혹을 참고 과제를 끝까지 해내는 자기 조절력, 후천적인 힘입니다. 그렇다면 이 자기조절력은 어떻게 기를 수 있을까요? 이 열쇠 역시 안정적인 부모와 자녀 사이 관계에 있습니다. 부모로부터 일관된 신뢰와 지지를 받으며 자란 아이는 자기 자신을 믿습니다. 어려운 과제 앞에서도 쉽게 포기하지 않는 끈기와 자기 조절 능력을 자연스럽게 기릅니다.

부모와 관계가 좋은 아이는 숙제하다가 게임 생각이 나도 자신을 믿어주는 부모의 얼굴을 떠올립니다. 좋은 관계, 존중받는 느낌을 깨고 싶지 않아 스스로 스마트폰을 멀리 밀어 둡니다. 부모와의 좋은 관계가 아이 내면의 자기조절력 엔진을 돌리는 것입니다.

갈등 관계에 있는 아이의 마음은 스트레스 압력솥 같습니다. 꾹 참다가 사소한 지적에 폭발하고 맙니다. 결국 아이는 억눌렀던 화를 터뜨리며 충동적으로 행동합니다. 나쁜 관계 속 스트레스가 아이의 이성을 마비시키고 자기조절력을 앗아간 것입니다.

이제 우리는 공부머리라는 낡고 위험한 착각에서 벗어나야 합니다. 아이의 타고난 지능은 부모가 바꿀 수 없는 영역입니다. 하지만 자기조절력을 길러주는 안정적인 관계는 당장 시작할 수 있는 영역입니다.

다시 보기! 양소영 변호사의 교육법

아이의 모든 것을 관리해야만 직성이 풀리는, 소위 말하는 입시 전쟁의 유능한 지휘관 같은 부모님들의 이야기를 들어 보면 마음이 아픕니다. 아이의 하루를 분 단위로 계획하고, 학원과 과외를 빈틈없이 배치하며, 성적 목표를 향해 아이를 끊임없이 독려합니다. 아이와의 관계가 어느새 돌봄이 아닌 프로젝트 관리로 달라져 버린 것입니다. 사랑은 성적에 따라 달라지는 조건부 사랑이 되고, 가정은 따뜻한 안식처가 아닌 긴장감 넘치는 작전 상황실로 변해 있었습니다. 다음 두 가정의 이야기를 비교해 보겠습니다. 민호의 사례는 현장에서 본 일화를 재구성해 작성했습니다.

관리당하는 아이, 민호의 무너진 마음

민호의 집은 언제나 팽팽한 긴장감이 감돕니다. 부모님은 성적이 떨어질 때마다 아이를 호되게 질책하고, 모든 것을 감시하고 통제합니다. 유일한 대화 주제는 성적과 비교죠. 민호는 속마음을 숨기고 거짓말을 시작했습니다. 마음속에는 부모에 대한 불신과 반감만 가득합니다. 성적으로 자신의 가치를 증명해야 한다는 압박 속에서 자존감은 낮아지고 오직 혼나지 않기 위한 동기만 남았죠. 무엇보다 실패를 극복할 회복탄력성이 매우 낮아졌습니다.

신뢰받는 아이들, 양소영 변호사 가족의 단단한 성장

양소영 변호사 가정의 사례는 민호의 사례와 정반대의 그림을 보여줍니다. 신뢰를 바탕으로 '숙제는 기본' 같은 몇 가지 큰 틀의 원칙만 정해두고, 자율성을 최대한 존중했습니다. 아이들이 스마트폰에 빠져 시간을 낭비할 때도 믿고 기다려 주었죠. 변화는 아이들에게서 시작되었습니다.

부모의 압력이 없자, 아이들은 자신의 시간을 스스로 책임져야

함을 깨달았습니다. 잠시 한눈을 팔다가도 스스로 공부 리듬을 되찾았고, 공부는 부모를 위한 의무가 아닌 자신의 선택이 되었습니다. 부모가 성적이 아닌 아이들의 존재 자체를 믿어주었기에, 자신의 가치를 외부 평가에 의존하지 않게 된 것이죠. 그 결과, 공부에 대한 내적 동기가 자연스럽게 피어났습니다. 형제자매끼리도 비교당하지 않았기에 서로 경쟁하기보다 응원하는 사이가 되었죠. 성적 하락으로 슬럼프를 겪었을 때도, 한발 뒤에서 묵묵히 지켜봐주었기에 스스로 이겨낼 수 있었습니다. 이것이 바로 건강한 관계가 길러낸 회복탄력성입니다. 부모와의 긍정적인 관계는 단순히 아이의 기분을 좋게 만드는 수준을 넘어섭니다. 내적 동기, 자아존중감, 회복탄력성이라는 입시 성공의 핵심 역량을 길러내는 가장 직접적인 통로입니다.

어떤 부모도 아이를 억지로 밀어 목적지까지 가게 할 수는 없습니다. 부모의 역할은 아이가 스스로 액셀을 밟고 싶어지도록, 즐겁고 안전한 드라이브 환경을 만들어 주는 것입니다. 대한민국 입시는 더 이상 단거리 경주가 아닙니다. 자기주도성과 자기조절능력을 요구하는 긴 마라톤이죠. 이 길고 힘든 여정에서 아이에게 필요한 것은 넘어져도 괜찮다고 말해주며 다시 일어설 힘을 주는 부모와의 굳건한 신뢰 관계입니다. 아이의 성과를 위해 관계를 포기하는 것은, 결승점에 도달하기 위해 가장 중요한 엔진을 내다 버리는 것과 같습니다. 가장 확실한 학업 향상 전략은 아이를 통제하는 것이 아니라, 아이와 단단한 동맹을 맺는 것입니다.

한눈에 비교하기

	집약형 모델	협력형 모델
갈등 발생 시	문제 행동에 집착, 통제/처벌	관계 회복에 집중, 공감/연결
부모 역할	정의로운 재판관, 관리자	든든한 영양 공급자, 안전 기지
소통 방식	지시, 평가, 비난	경청, 공감, 지지
아이 마음	심리적 영양실조, 불신, 저항	마음 영양소 충족, 신뢰, 안정
결과	**성적 역설** 관계 파괴→성적 저하	**선순환** 관계 회복→동기 부여→성적 향상

`10분 미션` '1일 1 영양소' 채우기

우리 아이에게 부족했던 마음 영양소 하나를 채워 주는 작은 실험을 해 보는 건 어떨까요? 거창하지 않아도 괜찮습니다. 부모님의 진심이 담긴 작은 행동 하나가 막혀 있던 관계의 파이프라인을 청소하고 협력의 집에 꼭 필요한 기초 콘크리트를 단단하게 만드는 시작이 될 겁니다.

1. 최근 일주일 우리 집 '마음 영양소' 점검하기

☐ 소속감: 아이가 어떤 잘못을 해도 존재 자체는 지지해 주었나요?

☐ 자율감: 아이에게 작은 선택이라도 스스로 결정할 기회를 주었나요?

☐ 유능감: 아이의 결과가 아닌 노력이나 과정을 구체적으로 칭찬해 주었나요?

2. '1일 1 영양소' 채우기

오늘 하루 부족하다고 느낀 마음 영양소 딱 한 가지를 아이에게 채워 주겠다고 다짐하고 구체적인 행동을 계획합니다.

[예시]

소속감: 잠들기 전 아이를 꼭 안아 주며 "네가 어떤 모습이든 엄마(아빠)는 항상 네 편이야."라고 속삭여 주기.

자율감: 하루에 딱 한 번, 아이의 선택(예: 저녁 메뉴, 핸드폰 사용 시간)을 판단 없이 존중해 주고 "네 생각은 그렇구나."라고 말해 주기.

유능감: 아이에게 작은 도움(예: 식탁 닦기, 심부름)을 부탁하고, 결과와 상관없이 "네 덕분에 엄마(아빠)가 훨씬 편해졌어. 정말 고마워."라고 진심으로 표현하기.

3. 자기 전, '오늘의 영양소' 복기하기

잠들기 전 1분, 오늘 내가 어떤 영양소를 주려고 노력했는지, 그때 아이의 반응은 어땠는지 떠올려 봅니다. 잘 안 됐어도 괜찮습니다. 내일 다시 시도하면 됩니다.

FAQ

Q. 관계를 회복하려고 노력해도 아이가 마음을 안 열어요.

A. 오랜 시간 쌓인 불신은 금방 녹지 않습니다. '행동'이 중요합니다. 아이 마음에 부담을 주지 않는 작은 행동(말없이 간식 챙겨주기 등)을 꾸준히 보여 주세요. 아이가 '우리 부모님이 정말 변했구나'라고 느낄 때까지 기다리는 인내가 필요합니다.

Q. 아이 문제 행동을 그냥 두면 더 심해지지 않을까요?

A. 문제 행동(연기)에 즉각 반응하여 관계(불길)에 기름을 붓는 대신, 일단 의식적으로 외면하고 관계 회복에 집중하자는 것입니다. 아이가 안정감을 느끼면, 그때 비로소 게임 문제에 대해 '협력적으로' 대화할 수 있습니다.

흔들리지 않는 원칙과 단단한 관계라는 기초 위에, 이제 협력의 집을 굳
건히 지탱할 네 개의 핵심 기둥을 세웁니다. 첫 번째 기둥은 아이 마음의
흔들리지 않는 닻이 되어줄 정서적 안정이며, 이어서 아이 스스로 성장
하는 힘을 키우는 자율성 존중, 실패를 자산으로 만드는 과정 중심주의,
그리고 효과적인 배움의 기술인 효율적 학습이라는 기둥을 차례로 세워
나갈 것입니다.

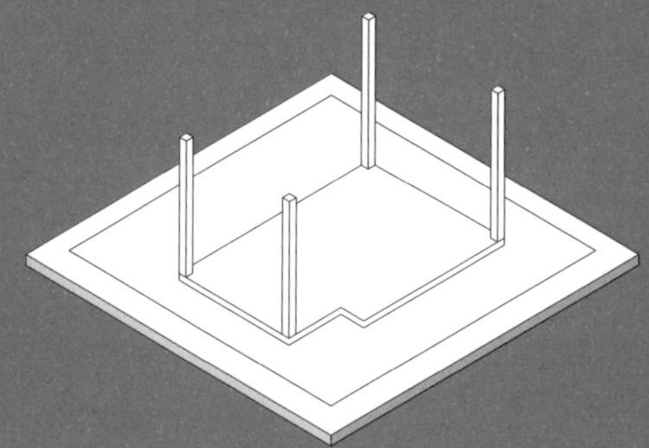

기둥 공사,
성장을 떠받치는 네 개의 기둥 세우기

7장

첫 번째 기둥, 정서적 안정
흔들리지 않는 '안전 기지' 세우기

6장에서 우리는 아이와의 행복한 관계라는 기초를 단단히 다졌습니다. 이제 그 튼튼한 토대 위에서 협력의 집을 굳건히 지탱할 첫 번째 기둥, 바로 아이의 정서적 안정입니다. 정서적 안정은 단순히 아이를 편안하게 만드는 기술이 아닙니다. 급변하는 기술 환경에서 기존 지식을 버리고 끊임없이 재학습할 수 있게 만드는 회복탄력성의 원천입니다. 세상의 어떤 비바람 속에서도 결코 흔들리지 않는 안전 기지가 되어 아이를 지켜 주는 것입니다.

안전 기지란 무엇일까요? 아이가 힘들 때, 실패했을 때, 세상에서 상처받았을 때 언제든 돌아와 기댈 수 있는 부모의 따뜻한 품이자, 무슨 일이 있어도 내 편이 되어주는 사람이 있다는 흔들리지 않는 마음의 뿌리입니다. 아이를 위한 안전기지는 평온할 때보다 아이가 학업 스트레스, 친구와의 갈등, 사춘기의 혼란 같은 거센 파도를 만났을 때 진정한 가치를 발휘합니다.

이번 장에서는 아이의 문제 행동 이면에 숨겨진 절박한 신호를 읽어내고, 우리 집을 진정한 안전 기지로 건축하는 설계도를 그려 보려 합니다. 아이의 뇌에서 어떤 일들이 벌어지고 있는지, 부모로서 우리는 어떤 역할을 해야 하는지, 제 경험과 뇌과학의 지혜를 빌려 구체적으로 살피겠습니다. '우리 아이는 어렵고 힘들 때 나를 찾을까? 나는 아이에게 어떤 존재일까?' 하는 질문을 마음에 품고 출발해 보시죠.

아이는 왜 나에게 말하지 않았을까?

상담 경험에 비추어 보면, 너무나 안타깝게도 많은 아이들이 부모에게 도움을 청하지 못한 채 홀로 마음앓이를 하다가 무너져 내립니다. 관련 연구를 찾다 저는 어느 문장 앞에서 멈춰야 했습니다. 자살한 청소년 36명의 삶을 대상으로 한 국내 최초 심리부검 연구 결과, 극단적 선택을 한 청소년의 97%가 단 한 번도 주변에 직접적인 도움을 요청한 적이 없다는 사실이었습니다.*

겉으로는 멀쩡해 보여도 속으로는 심각한 문제를 안고 있었지만 아무에게도, 심지어 부모에게조차 도움의 손길을 내밀지 못했다고 합니다. 97%라는 무서운 수치는 우리가 지금 무엇을 해야 하

---

* 한림대학교 자살과 학생정신건강연구소에서 국내의 자살한 청소년 36명을 대상으로 심리부검한 결과에 따랐다. 심리부검은 고인이 어떤 과정을 통해 자살에 이르게 되었는지 시신을 부검하듯 탐색과 면담을 통해 원인을 파악하는 연구를 뜻하며, 언급한 청소년 심리부검의 경우는 주로 부모님과의 면담을 통해 분석된 결과이다.

는지를 명확히 보여 줍니다. 우리는 아이의 '도와주세요'라는 외침을 기다리는 사람이 아니라, 아이가 언제든 '힘들어요'라고 말할 수 있는 환경을 만드는 안전 기지 건축가가 되어야 합니다. 도대체 왜, 아이들은 고통을 숨겼을까요? 상담실에서 만났던 한 고등학생의 목소리가 지금도 귓가에 맴돕니다.

"딱 한 번, 정말 죽을 것 같아서 엄마한테 말을 꺼내 본 적 있어요. 그냥 '나 요즘 좀 힘든 것 같아' 하고요. 그랬더니 엄마가 설거지하다 말고 한숨 푹 쉬시면서 그러시는 거예요. '너만 힘드냐? 세상에 안 힘든 사람 어딨어. 마음 좀 강하게 먹어.' 그 순간, 아… 다시는 말하면 안 되겠구나, 싶었어요. 말해 봤자 나만 나약하고 이상한 애가 되잖아요." 이 아이는 그날 이후, 자신의 고통을 완벽하게 숨기는 법을 터득했습니다. 부모님 앞에서는 아무렇지 않은 척 웃었고, 방문을 닫고 들어서서야 눈물을 삼켰습니다.

아이들은 다양한 방식으로 필사적인 구조 신호를 보냅니다. 식욕 부진, 수면 장애, 어두운 표정, 말수 감소 같은 변화로 나타날 수도 있습니다. 아직 어린 초등학생이라면 갑자기 배가 아프다고 자주 호소하거나, 짜증이 눈에 띄게 늘거나, 평소 좋아하던 활동에 흥미를 잃는 모습 등으로도 신호를 보낼 수 있습니다. 중요한 것은 이런 변화를 단순히 사춘기나 꾀병으로 치부하지 않고, 아이 마음에 어떤 어려움이 있는지 적극적인 관심을 기울이는 것입니다.

안타까운 현실은 아이에게 문제가 생겼을 때 우리 사회의 시선이 주로 가정 밖 요인에만 집중된다는 사실입니다. '너만 힘드냐' 는 엄마의 한숨에 닫혀 버린 아이의 마음, '숙제했냐'는 아빠의 물음에 침묵으로 답하는 저녁 식탁의 풍경은 부모님의 시야에 들어오지 않습니다. 아이들의 이야기를 가까이서 들어 보면, 부모와 마음을 나누지 못한 외로움이 그 어떤 스트레스보다 컸다고 고백하는 경우가 많습니다. 가정이야말로 처음이자 마지막으로 기댈 안전망인데, 그 그물이 뚫려 있었던 셈이지요.

우리는 왜 따뜻하게 지내기 어려워졌나?

왜 지금의 부모님들은 가정에서 아이와 속 깊은 대화를 나누고 따뜻하게 지내기가 이렇게 힘들어졌을까요?

첫째, 부모님들도 너무 지쳐 있기 때문입니다.

한 워킹맘은 상담 중 눈물을 글썽이며 고백하셨습니다. "소장님, 저도 제가 나쁜 엄마인 거 알아요. 퇴근하고 현관문 열기 전에 정말 심호흡을 몇 번이나 해요. 그런데 일 끝내고 집에 돌아오면 정말 영혼까지 탈탈 털린 기분이에요. 아이 말을 들을 힘도, 웃어줄 힘도 남아있질 않아요. 그 순간 저도 모르게 버럭, 소리를 지르고 말아요. 그러고는 밤새 후회하고요…"

평소의 불안감에 더해 하루의 피로까지 쌓인 부모가 아이의 힘든 마음에 공감하고 따뜻하게 보듬어 주기란 결코 쉽지 않습니다. 생각으로는 '아이에게 관심을 기울여야지' 하면서도 한참 동안 멍하니 휴대폰만 볼 때가 있지요. 괜찮습니다. 완벽하지 않아도 됩니다. 중요한 것은 그런 사실을 알아차리고 조금씩 변화하려는 노력입니다.

둘째, 치열한 경쟁 환경이 아이를 닦달하게 만들기 때문입니다.

한 아버님은 쓸쓸하게 웃으며 털어놓으셨습니다. "언젠가부터 저희 집 대화는 '숙제했니?', '학원 갈 시간이다', '시험은 잘 봤어?' 이 세 마디로 돌아가더라고요. 저도 모르게 아이를 위한 입시 작전 본부 사령관이 되어 있었던 거죠. 아이는 집에서 쉬는 게 아니라, 또 다른 전장에 와 있는 기분이었을 겁니다."

꼭 입시라는 거창한 목표가 아니더라도, 우리 집 대화가 아이의 일정 점검이나 지시사항 전달로만 채워지고 있지는 않은지 돌아볼 필요가 있습니다. 아이의 감정이나 생각, 학교에서의 소소한 즐거움에 대한 이야기는 얼마나 나누고 계신가요?

셋째, 가족 간의 대화 실종이 심각합니다.

저녁 식사 후 거실 풍경을 묘사하는 한 어머님의 이야기는 우리 모두의 자화상 같습니다. "저녁 먹고 거실에 잠시나마 다 같이 모여는 있어요. 그런데 풍경이 참 웃겨요. 남편은 핸드폰으로 유튜브를 보고, 저는 밀린 업무 카톡을 확인하고, 아이는 아이대로 이어폰 꽂고 동영상을 봐요. 한 공간에 있는데 아무도 말을 안 해요. 서로에게 가장 먼 섬처럼요."

오늘날 많은 부모님이 사회적·심리적 이유로 지쳐 있고, 그 결과 가정에서 아이와 부드러운 정서 교류를 하기가 어려워졌습니다. 하지만 역설적이게도, 이럴 때일수록 가정은 서로에게 가장 든든한 안전 기지가 되어주어야 합니다.

문제아는 없다, 부상자만 있을 뿐

상담실 문을 연 어머니의 얼굴에는 답답함과 절박함이 가득했습니다. 중학생 아들이 방에 틀어박혀 게임만 하고, 성적은 계속 떨어지는데 아무 의욕도 없어 보인다는 이야기였죠. 어머니는 말했습니다. "아이가 너무 게을러졌어요."

앞에서도 강조했지만 많은 부모님이 이 어머니처럼 아이의 행동에만 집중합니다. 게으름, 의지 부족이라는 이름표를 붙이고 전쟁을 시작하죠. 하지만 저는 어머니에게 조금 다른 질문을 드렸습니다. "게으르다는 그 딱지를 잠시 떼어 놓고, 아이가 왜 그렇게 행동할 수밖에 없는지 그 상황을 한번 들여다보는 건 어떨까요?"

아이의 문제 행동은 아이를 둘러싼 복잡한 상황이 만들어낸 소리 없는 비명이자 구조 신호일 때가 많습니다. 상담을 통해 드러난 아이의 상황은 이랬습니다. 중학교에 올라와 처음 성적의 벽에 부딪혔고, 반복된 실패는 노력해도 안 된다는 깊은 패배감, 즉 학습된 무기력을 안겨 주었습니다. 집에서 받는 압박감은 공부로 생긴 상처를 더 깊게 만들었고, 이제 아이에게 유일한 심리적 도피처이자 필사적인 생존 전략은 게임이 되어 버렸습니다.

어머니 눈에는 의지 부족으로 보였던 행동이, 사실은 상처 입은 아이의 절박한 비명이었던 셈입니다. 아이는 문제아가 아니라 경쟁 시스템과 불안한 가정이 낳은 부상자였습니다. 어머니는 눈물을 글썽이며 말했습니다. "비명이라니… 가슴이 철렁하네요. 저는 아이의 행동만 보고 너무 다그쳤던 것 같아요. 아이가 얼마나 아팠을지… 미안한 마음이 듭니다."

아이의 심정을 알아차린 것만으로도 변화는 시작됩니다. 문제 행동이라는 낙인 대신 아이가 처한 상황을 이해하려는 노력이 바로 무너진 관계를 회복하고 아이의 마음을 치유하는, 가정을 안전 기지로 만드는 출발점입니다.

생존 모드 대 학습 모드, 안전 기지가 공부머리를 깨운다

아이의 문제 행동 앞에서 우리는 쉽게 좌절하고 곧잘 분노합니다. 방문을 쾅 닫고 들어가는 아이, 무기력하게 누워만 있는 아이를 보며 '대체 왜 저럴까?' 한숨부터 쉬게 되죠. 이제 질문의 방향을 바꿔야 합니다. '저렇게 행동하는 아이의 뇌에서는 지금 무슨 일이 벌어지고 있는 걸까?' 하고 생각해야 합니다. 해결의 열쇠는 안전 기지의 유무에 달려 있습니다. 앞서 간단히 설명했던 뇌의 생존 모드와 성장 모드를 더 자세히 알아보겠습니다.

생존 모드: 배우기를 멈춘 뇌

아이가 위협을 느낄 때(부모의 비난, 차가운 표정 등), 뇌는 즉시 생존 모드로 전환합니다. 뇌의 비상벨(편도체)이 요란하게 울리고 뇌는 사실상 셧다운 상태에 빠지죠. 이때 아이가 보이는 행동은 싸우거나(Fight, 공격성), 도망치거나(Flight, 회피, 게임 몰입), 얼어붙는(Freeze, 무기력) 세 가지 중 하나입니다. 수학 시험을 망친 아이가 부모의 실망한 표정을 보고 방문을 닫은 채 스마트폰에 빠지는 것 역시 도망치기 반응일 수 있습니다. 생존 모드의 뇌는 학습할 수 없으며 성장을 멈춥니다. 뇌가 위협을 감지하느라 바쁠 때는 수학 공식도 외울 수 없습니다.

성장(학습) 모드: 잠재력이 깨어나는 뇌

아이가 안전함과 소속감을 느낄 때, 뇌는 비로소 성장(학습) 모드로 전환합니다. 부모의 따뜻한 눈 맞춤, 다정한 목소리, '부모님은 항상 내 편'이라는 믿음은 아이 뇌의 경보 시스템(편도체)을 진정시키고, 셧다운 되었던 이성 사령탑(전전두피질)을 다시 활성화시킵니

다. 아이가 '이곳은 안전하다. 내 어려움을 솔직하게 말할 수 있다'
고 느낄 때, 비로소 호기심과 도전 의식, 성찰 능력이 깨어납니다.
가정을 안전 기지로 만드는 것은 단순히 아이 기분을 좋게 하는 것
이 아닙니다. 아이 뇌를 생존 모드에서 구출하여 성장 모드로 전
환하는 부모로서 할 수 있는 가장 강력하고 과학적인 역할입니다.
안정적인 애착 관계 속에서 자란 아이가 학업 성취도도 높다는 많
은 연구 결과도 이를 증명합니다. 정서적 안정감이야말로 최고의
지적 자산인 셈이죠.

물론 아이의 모든 요구를 들어주라는 뜻은 아닙니다. 마음은 온
전히 수용하되 지켜야 할 원칙과 한계는 명확히 알려주는 것이 진
정한 안정감입니다. 오히려 든든한 안전 기지가 있는 아이가 실패
를 두려워하지 않고 더 용감하게 세상에 도전합니다. 겉으로는 부
모를 밀어내는 사춘기 자녀도, 내면에서는 여전히 부모가 든든한
내 편이라는 확신을 갈구합니다. 흔들림 없는 부모의 존재 자체가
험난한 파도를 헤쳐 나가는 데 꼭 필요한 등대가 됩니다.

아이는 왜 스스로 무너지는 길을 택할까

"소장님, 저희 아이는 꼭 시험 전날 밤을 새워요. 공부도 안 하면서
요." "중요한 과제 마감일이 코앞인데, 갑자기 방 청소를 시작하더
라고요." 종종 듣는 부모님들의 하소연입니다. 어처구니없게 느껴

지는 아이들의 이런 행동이 자신을 지키기 위해 필사적으로 선택한 자기손상전략일 수 있다는 사실을 아시나요?

자기손상전략이란 실패가 두려운 상황에서, 실패의 원인을 능력 부족 탓이 아닌 외부 요인 탓으로 돌릴 수 있도록 의도적이지만 거의 무의식적으로 핑곗거리를 만드는 심리적 방어기제입니다. 최선을 다했는데도 실패했다는 끔찍한 사실, 스스로를 하찮은 존재로 느껴야 하는 그 비참함을 마주하기 싫어서 미리 빠져나갈 구멍을 만들어 두는 것이죠. 차라리 노력을 안 해서 실패했다는 변명거리라도 있어야 덜 비참하기에, 일부러 공부를 방해하는 행동(시험 전날 밤새 게임하기, 준비물 일부러 안 챙기기 등)을 함으로써 결과적으로 자기에게 손해를 입히는 것입니다.

아이들은 왜 이토록 슬프고 어리석어 보이는 전략을 사용하게 될까요? 그 시작점에는 부모의 실망과 불안이 숨어 있습니다. 어린 아이는 어느덧 '나의 실패가 부모를 불행하게 만든다'는 사실을 반복적으로 학습했습니다. 자신과 부모 모두 비참해지는 최악의 상황, 즉 '아무리 노력해도 나는 안 된다'는 절망적인 결말을 피하고 싶은 아이의 무의식이 자기손상 행위라는 방패를 들게 만드는 것입니다.

이 아이들도 처음에는 부모를 기쁘게 해주고 싶었을 겁니다. 하지만 노력해도 돌아온 것이 냉정한 평가와 실망 어린 눈빛이었다면, 그 상처는 아이에게 노력의 배신과 최선은 위험하다는 슬픈 생존 공식을 새겨 넣었을 것입니다. 제가 보기에 대한민국 가정에서 벌어지는 공부를 둘러싼 갈등의 최소 절반 이상을 바로 자기손상전략이 연출합니다. 결국 부모의 노력(더 많은 학원, 더 강한 훈육)만으로는 아이를 변화시킬 수 없습니다. 진단도, 처방도 완전히 빗나갔기 때문입니다.

이것이 바로 협력의 집 첫 번째 기둥이 정서적 안정이어야만 하는 이유입니다. 자기손상전략으로부터 아이를 구출하는 방법은 행동 교정이 아니라 아이가 어떤 실패를 가지고 돌아와도 괜찮은 환경, 즉 부모의 실망이 아닌 따뜻한 위로와 격려를 느낄 수 있는 안전 기지를 만들어주는 데 있습니다. 부모는 성공을 응원하는 치어리더가 아니라 실패를 위한 안전한 항구가 되어주는 것입니다. 아이의 실패 앞에서 부모가 무너지지 않으면 아이는 스스로 무너지는 길을 선택할 필요가 없어집니다.

금지가 아닌 존중, 게임 전쟁을 끝내는 법

여기, 상식에 정면으로 도전하는 조금 이상한 치료법이 있습니다. 네덜란드 암스테르담에서는 거리 청소의 대가로 알코올 중독자들에게 현금과 함께 캔맥주를 제공한답니다. 중독을 치료하겠다면서 중독 원인 물질인 술을 제공하는 말도 안 되는 치료법. 의외로 꽤 성공적이라는 평가를 받고 있습니다. 치료 담당자는 이렇게 말합니다. "중독자들을 존중하는 것이 정말 중요합니다. 대부분의 사람은 이들을 함부로 대하는 경향이 있어요. 그러면 자존감이 무너집니다. 여기서는 중독자를 우리와 동등한 사람으로 대합니다. 제가 더 나은 사람이라고 생각하지 않습니다."

대부분의 알코올 중독 치료 프로그램은 철저한 관리와 통제에 기반합니다. 중독자를 문제 있는 인간으로 바라보는 부정적인 시선 자체가 당사자에게는 엄청난 스트레스가 됩니다. 역설적이게도 이 스트레스는 술을 끊어야겠다는 의지가 아니라, 술이라도 마셔야겠다는 절박한 욕구를 불러일으킵니다.

반면, 암스테르담 프로그램은 안정적인 일자리 제공과 예측 가능한 보상(캔맥주)으로 중독자들을 존중받는 사회 구성원으로 대우합니다. 술을 구하기 위해 하루 종일 거리를 헤매야 했던 극심한 스트레스가 사라지자 술에 대한 비정상적인 집착도 함께 줄어듭니다. 술이 덜 고픈 상태가 되는 것이죠.

이 프로그램을 통해, 게임 때문에 늘 전쟁 상태인 경우와 반대로 평화를 유지하는 경우의 차이가 어디에서 비롯되는지 엿볼 수 있었습니다. 비교할 수 있는 예를 들어 더 살펴보겠습니다.

첫 번째 집, '게임 경찰'과 숨바꼭질하는 아이

부모님은 아이를 걱정하는 마음에 '게임 경찰'이 되었습니다. 부모님의 발소리는 순찰 소리 같습니다. 아이는 방문 틈으로 새 나가는 불빛을 가리고 마우스 클릭 소리를 죽이며 게임을 합니다. 심장은 조마조마하고 어깨는 굳어 있습니다. 이 아이에게 게임은 더 이상 순수한 놀이가 아닙니다. 들키면 어쩌지하는 불안감에 게임의 즐거움은 잠식당하고, 게임 화면 속 캐릭터는 통제로부터의 유일한 탈출구를 약속하는 존재가 됩니다. 부모의 금지라는 스트레스가 오히려 게임을 금지된 쾌락으로 만들어, 아이의 마음을 더 강력하게 사로잡는 역설이 벌어지는 현장입니다.

두 번째 집, '게임 주치의'와 약속을 지키는 아이

이 집의 부모님은 아이의 '게임 주치의'가 되었습니다. 아이는 숙제를 마친 뒤 엄마에게 씩씩하게 말합니다. "엄마, 저 숙제 다 했으니까 8시부터 9시까지 게임할게요!" 엄마는 감시자가 아닌 아이의 건강한 여가를 지원하는 파트너로서 웃으며 답합니다. "그래, 재밌게 해! 끝나고 오늘 캐릭터 레벨 얼마나 올랐는지 얘기해 줘." 아이는 약속된 시간 동안 누구 눈치도 보지 않고 편안하게 게임을 즐깁니다. 9시 알람이 울리면, 아이는 아쉽지만 컴퓨터를 끕니다. 가끔 마감시간을 어겨 패널티를 받기도 하지만, 스트레스와 죄책감이 사라진 환경에서 게임은 비정상적인 집착의 대상이 아닙니다. 일상에 활력을 주는 건강한 재미이자 자기조절 능력을 기르는 훈련이기도 합니다.

우리는 아이가 게임에 빠져드는 이유를 게임 자체의 중독성 때문이라고만 생각합니다. 많은 경우, 스마트폰에 파묻혀 지내는 것 같은 집착 이면에는 아이가 일상에서 느끼는 스트레스와 불안, 그리고 그 감정을 해소할 안전한 기회의 부재가 숨어 있습니다. 아이의 행동을 바꾸고 싶다면, 행동을 통제하기에 앞서 아이가 편히 기댈 수 있는 안전 기지를 먼저 제공해야 합니다.

통제의 역설, 아이를 거짓말쟁이로 만드는 부모

게임 문제로 지친 부모님들을 만날 때면 거의 예외 없이 확인하는 사실이 있습니다. 아이를 도우려는 부모의 노력이 오히려 아이를 더 깊은 수렁으로 밀어 넣는 통제의 역설입니다. 그 비극은 네 단계로 진행됩니다.

1단계: 불안한 부모의 통보

부모의 불안은 "오늘부터 게임은 하루 딱 한 시간!" 같은 일방적인 선언으로 이어집니다. 아이 입장에서는 통보입니다.

2단계: 기만의 기술을 익히는 아이

아이는 부모의 통보를 부당한 인권 침해처럼 느낍니다. 정면충돌이 무의미함을 깨달은 아이는 자신만의 생존법, 즉 '기만'의 기술

(몰래 게임, 거짓말)을 익히기 시작합니다.

3단계: 불신의 확신

부모는 아이의 거짓말을 알게 됩니다. 배신감에 치를 떨며 확신합니다. '역시 넌 믿을 수 없는 아이였어.'

4단계: 관계의 파국

부모는 통제의 강도를 더욱 높입니다. 아이에게 부모는 더 이상 기댈 곳이 아닌, '나를 감시하는 적'이 됩니다. 관계는 파국으로 향합니다.

이 비극의 진짜 범인은 게임이 아닙니다. 바로 신뢰의 붕괴입니다. 부모가 불신의 안경을 끼는 순간, 아이는 자기조절을 연습할 기회를 박탈당합니다. 부모는 자신의 불안 때문에 아이를 더 불신하게 되고, 아이를 궁지로 몰아 결국 거짓말쟁이로 만들어 버립니다. 아이를 믿을 수 없다는 생각이 결국 자기 충족적 예언이 되고 마는 것입니다.

자기조절의 스위치는 어디에 있을까?

많은 부모님이 자기조절 능력을 아이의 타고난 의지 문제로 생각하십니다. 정말 그럴까요? 만약 자기조절 능력이 아이 개인의 의지가 아니라, 아이가 매일 숨 쉬는 집 안의 공기(안전 기지 유무)에 의해 켜지고 꺼지는 스위치 같은 것이라면 어떨까요? 두 아이의 가상 일기를 통해 그 차이를 느껴 보시죠.

자기조절 스위치가 켜진 아이의 마음 일기

"방과 후, 새로 나온 게임 생각에 마음이 들떴지만, 꾹 참고 엄마와 한 약속을 떠올렸다. 우리는 숙제를 마친 후에만 한 시간 동안 게임하기로 함께 규칙을 정했다. 엄마는 잔소리 대신 내가 스스로 지킬 것이라고 믿고 맡겨 주셨다. 그 믿음을 저버리고 싶지 않았다. 숙제를 끝내고 타이머를 맞춰 놓고 게임을 했는데 정말 꿀맛이었다. 타이머가 울리고 게임을 그만두려 할 때 아쉬움보다 '약속을 지켰다!'는 뿌듯함이 더 컸다. 나도 해낼 수 있다는 자신감이 생겼다."

자기조절 스위치가 '꺼진' 아이의 마음 일기

"아… 오늘도 규칙을 지키지 못했다. 수학 시험도 망치고 너무 피곤했다. 책상에 앉기 싫어서 '조금만 해야지'라고 다짐하며 게임을 시작했고, 두 시간이 훌쩍 지났다. 그때 엄마가 퇴근하고 들어오는 소리가 들렸고, 심장이 쿵 내려앉았다. 나는 허둥지둥 휴대폰을 숨기고 공부하는 척했다. 약속을 어긴 것도 모자라 엄마를 속인 내가 너무 한심하게 느껴졌다. 마음이 무겁다."

집이 안전 기지일 때, 규칙은 약속이 되고 아이는 실패해도 다시 시도할 힘을 얻습니다. 반면, 집이 감시와 통제의 공간일 때 규칙은 감시망이 되고 아이는 문제를 숨기게 됩니다. 결국 부모가 해야 할 질문은 '우리 아이는 왜 저 모양일까?'가 아니라, '우리 집은 아이가 자신의 약한 모습을 솔직하게 드러내고, 실패를 고백해도 괜찮은 곳인가?'로 달라져야 합니다. 아이의 자기조절 스위치를 켜는 가장 강력한 힘은, 어떤 상황에서도 나를 믿어주고 기다려줄 것이라는 부모의 존재, 바로 정서적 안전망에서 나옵니다.

양소영 변호사 역시 부모를 어항, 자녀를 물고기에 비유하며 아이에게 꼭 전해야 할 부모의 마음을 이렇게 표현했죠. "너는 혼자가 아니다. 나는 너를 끝까지 지켜준다." 아이들이 정말 그렇게 느낄 때, 집은 비로소 '사랑의 구호본부'가 됩니다.

양 변호사의 이야기는 드라마틱한 비법을 담고 있지 않습니다. 실패를 함께 버티는 인내, 통제 대신 신뢰를 선택하는 용기. 어쩌면 고루해 보이는 그 선택들이 모여 집을 안전 기지로 만들었던 것입니다. 아이를 바꾸려는 조급함을 내려놓고 우리 집이라는 어항을 먼저 정성껏 가다듬을 때, 아이는 비로소 자신의 삶을 스스로 개척해나갈 힘을 얻게 됩니다.

한눈에 비교하기

	안전기지 없는 생존 모드	안전기지 있는 성장 모드
뇌 상태	편도체 활성화(경보 ON)	전전두피질 활성화(이성 ON)
주요 호르몬	코르티솔(스트레스)	옥시토신(사랑, 안정)
행동 반응	싸우기/도망치기/얼어붙기	호기심/도전/성찰
학습과 성장	멈춤	최적화
부모 역할	위협 요인	안전 기지, 외부 신경계

10분 미션　우리 집 '안전 기지' 성능 테스트

오늘 하루, 아이가 실수하거나 어려움을 겪는 바로 그 순간, 우리 집이 안전 기지임을 보여주는 작은 연습 하나를 해보는 건 어떨까요? 부모님의 따뜻한 말 한마디가 아이 마음에 든든한 기둥을 세울 겁니다.

1. 위기 상황, 나의 첫 반응 점검하기

최근 아이가 실수하거나 어려움을 겪었던 순간(시험 망침, 우유 쏟음, 친구와 다툼 등)을 떠올리며 체크해 보세요.

☐ 통제/처벌: 아이의 잘못부터 따져 물었나요?

☐ 회피/과잉보호: 아이가 힘들어하는 모습을 보기가 힘들어 대신 해결해 주려 했나요?

☐ 협력/공감: 아이의 속상한 마음에 먼저 공감해 주었나요?

만약 '통제/처벌'를 선택했다면, 아이를 위해서라기보다 통제 불능 상황에서 오는 나의 불안을 잠재우려는 반응이 아니었을까요? '빨리 상황을 끝내고 싶다'는 마음은 아니었나요? '회피/과잉보호'를 선택했다면, 아이를 위해서라기보다, 아이의 고통을 지켜보는 '나의 고통'을 빨리 끝내려는 반응은 아니었나요? 아이가 스스로 해결할 기회를 빼앗은 건 아닐까요?

2. 협력/공감 반응 연습하기

아이가 어려움을 겪을 때, '협력/공감' 반응으로 대화하는 첫마디를 적어 봅니다. 아이의 감정, 상황 인정, 지지의 말을 담아서요.

[예시]
- 시험 망쳤을 때: "이 점수 뭐야!" (X)
→ "시험 보느라 정말 고생 많았네. 결과 보고 많이 속상했겠다. 괜찮아, 이 점수가 너의 전부는 아니야. 엄마는 네가 고생한 거 알아." (O)
- 친구와 다퉜을 때: "네가 뭘 잘못했겠지! 가서 사과해!" (X)
→ "친구랑 다퉈서 정말 마음이 안 좋았겠다. 무슨 일이 있었는지 엄마한테 차분히 이야기해 줄 수 있을까? 엄마는 네 편이야." (O)
- 게임 시간 약속을 어겼을 때: "너 또 약속 어겼지!" (X)
→ "약속 시간 지키는 게 오늘도 어려웠구나. 게임 멈추는 게 쉽지 않지. 그래도 노력하려는 네 마음 알아. 다음에 어떻게 하면 더 잘 지킬 수 있을지 같이 이야기해 보자." (O)

아이의 잘못된 행동을 바로잡는 것보다, 그 순간 아이가 느꼈을 감정(속상함, 화남, 당황스러움 등)을 먼저 알아주고 괜찮다고 말해주는 것이 중요합니다. "네 마음은 괜찮니?"라는 메시지가 전달될 때, 아이는 비로소 자신의 행동을 돌아볼 힘을 얻습니다.

FAQ

Q. 아이의 잘못된 행동(예: 거짓말)을 공감해 주면 버릇이 나빠지지 않을까요?

A. 공감은 동의가 아닙니다. 아이의 행동(거짓말)은 잘못됐지만, 그렇게 할 수밖에 없었던 아이의 마음(혼날까 봐 두려움 등)은 존중해주어야 합니다. "거짓말은 나쁜 행동이지만, 네가 그렇게 두려웠구나"라고 마음을 먼저 읽어줄 때, 아이는 비로소 자신의 행동을 돌아볼 힘을 얻습니다. 처벌은 행동을 잠시 멈추게 할 뿐, 근본적인 변화를 이끌지 못합니다.

Q. 저는 협력/공감 반응을 하고 싶은데, 막상 상황이 닥치면 통제/처벌처럼 소리부터 지르게 됩니다.

A. 지극히 정상적인 반응입니다! 1장에서 확인했듯이 '뇌의 비상벨(편도체 하이재킹)' 때문입니다. 중요한 것은 완벽함이 아니라 알아차림과 다시 시도입니다. 조금 전의 3단계처럼 미리 대사를 연습해 두는 것, 그리고 1장의 '7초 멈춤' 기술을 활용하는 것이 도움이 됩니다. 만약 통제/처벌 반응을 먼저 했다면, 반드시 아이에게 사과하고 다음에는 협력/공감처럼 반응하겠다고 약속하는 복기 대화(255쪽 참조)를 하세요.

8장

두 번째 기둥, 자율성 존중
아이의 내적 동기 스위치를 켜는 법

안전 기지라는 든든한 버팀목이 생겼다고 아이가 저절로 성장하는 것은 아니죠. 그 기지를 발판 삼아 세상을 탐험하고, 때로는 넘어지고 실패하며 자신만의 길을 찾아갈 수 있는 용기가 필요합니다. 그리고 그 용기는 부모가 아이의 선택을 믿고 운전대를 넘겨줄 때 비로소 싹트기 시작합니다. 하지만 많은 부모님이 아이를 너무 사랑한 나머지, 정답을 미리 정해놓고 아이의 선택권을 빼앗아 버리는 것입니다. 이 장에서는 아이의 내적 동기 스위치를 끄는 관리자의 유혹에서 벗어나, 아이 스스로 성장하는 힘을 키워주는 협력자가 되는 방법을 모색할 것입니다.

'그냥 엄마가 시키는 대로 해!'

아이보다 많이 안다는 이유로, 혹은 더 좋은 길을 알려주고 싶은 마음에 학원이며 활동, 심지어는 친구 관계까지 부모가 정해주는 경우가 있습니다. 요즘 같은 시대에 흔히 있는 일이지요.

어느 토요일 오전, 중학생 아들이 거실로 나와 머뭇거리며 말을 꺼냅니다. "엄마, 저 다음 달부터 수학학원 옮기면 안 돼요? 지금 다니는 곳은 너무 어렵고 진도만 빨라요. 제가 알아봤는데, 동네 상가에 새로 생긴 ○○수학… 선생님이 블로그에 풀이 과정을 정말 재미있게 올려놓으셨더라고요. 친구랑 같이 상담 받아보고 싶은데…"

갑자기 엄마 머릿속이 복잡해집니다. '○○수학'이라니, 들어 본 적도 없는 작은 학원입니다. 엄마는 이미 밤새 맘카페를 뒤지고 입시설명회를 찾아다니며 '최고 학원' 후보를 추려 두었습니다. 대치동 유명 학원 시스템을 도입한 A학원, 내신 적중률 높은 B학원까지 후보에 있었죠. 엄마의 분석으로는 아이 성적을 올릴 정답은 그중 하나였습니다. 그런 엄마 눈에 아이의 선택은 너무나 어리석어 보입니다. 친구 따라 강남 간다는 식의 철없는 결정, 블로그 마케팅에 속은 순진한 판단이라고 느껴지지요. 아이를 위한 최선의 길을 안다고 확신하는 엄마는 아이의 제안을 단번에 묵살합니다. "학원은 친구랑 노는 데가 아니야. 엄마가 알아봤는데, A학원이 시스템도 좋고 관리도 잘해준대. 거기 가서 열심히 하는 게 네 성적에 훨씬 도움이 돼. 네 생각은 알겠지만, 이건 엄마 말 듣는 게 맞아. 그냥 엄마가 시키는 대로 해."

아이의 표정이 굳어집니다. 더는 아무 말도 안 합니다. 결국 엄마가 정해 준 A학원에 등록하지만, 아이의 눈에는 생기가 없습니다. 학원에 가는 발걸음은 무겁고 숙제는 마지못해 해치웁니다. 엄마는 그런 아이를 보며 또다시 속이 탑니다. "내가 너 좋으라고 최고의 학원을 찾아줬는데, 왜 그렇게 의욕이 없어!"

비단 학원 문제만이 아닙니다. 아이 방을 아이 나름대로 꾸미게 두지 못하고 엄마 뜻대로 가구 배치를 한 적은 없나요? 아이가 서툴지만 스스로 용돈 관리를 하려 할 때, "넌 아직 안 돼. 엄마가 관리해 줄게" 하며 기회를 빼앗지는 않았나요? 주변에서 벌어지는 이런 흔한 풍경 속에서 아이의 자율성은 서서히 힘을 잃어갑니다.

부모는 아이보다 더 많은 경험과 정보를 가졌기에 아이의 결정이 어리석고 비효율적으로 보이는 게 당연합니다. 하지만 바로 그 어리석은 결정이야말로 아이에게 무엇과도 바꿀 수 없는 성장의 기회입니다. 아이는 스스로 정보를 찾고 비교하며 친구와 의논하는 나름의 분석을 통해 결정을 내렸습니다. 설령 그 선택이 실패로 돌아가더라도, 아이는 그 결과를 온전히 책임지며 배우게 됩니다. '아, 친구 말만 믿는 건 위험하구나', '다음엔 선생님의 강의 스타일을 더 꼼꼼히 따져 봐야겠다' 같은 생생한 지혜를 얻는 과정인 것이지요. 이렇게 실패한 결정을 복기하고 더 나은 선택을 고민하는 과정에서 아이의 판단 능력과 책임감이라는 근육은 단단해집니다.

부모가 '더 올바른 결정'이라는 명분으로 아이의 선택 기회 자체를 빼앗는 순간, 아이에게 필요했던 성장 과정은 실종됩니다. 자신의 판단이 어리석었다고 인정해야 하는 처지가 되면 아이는 더는 스스로 생각하려 하지 않습니다. 부모의 지시를 기다리는 수동적인 존재가 되어갑니다.

물론 이런 생각이 드실 겁니다. '내 아이의 어리석은 결정이 돌이킬 수 없는 실패로 이어지면 어떡하지?' 부모로서 당연히 할 수밖에 없는 지극히 합리적인 고민입니다. 아이의 안전과 건강에 명백한 해가 되지 않는 선에서는 아이의 선택을 존중하는 것을 원칙으로 삼으시면 됩니다. 특히 옷차림, 방 정리 방식, 취미 생활, 공부 시간 계획 등 아이의 개인적인 영역에서부터 부모가 한발 물러서는 연습이 필요합니다. 아이의 결정을 무조건 막기보다 이렇게 대화하며 자율성을 키워줄 수 있습니다.

"그래, 네가 ○○수학학원에 그렇게 마음이 가는구나. 그럼 우리 이렇게 해 보자. 일단 한 달만 다녀 보면서 이 학원이 정말 너에게 도움이 되는지, 숙제할 때 어떤 변화가 있는지 스스로 기록해 보는 거야. 한 달 뒤에 그 기록을 보면서 우리가 함께 이 결정이 옳았는지 다시 이야기해 보자. 어때?"

이처럼 아이에게 단계적 자율성을 부여하고, 스스로 평가하고 책임질 기회를 주는 현실적인 모델을 제시하면, 부모는 막연한 불안감을 덜고 아이도 안전한 울타리 안에서 선택을 연습할 수 있습니다. 스스로 생각할 수 없는 아이로 키우는 것은 더 큰 재앙입니다. 아이의 선택을 존중하되, 그 선택의 결과까지 아이 스스로 경험하고 책임지도록 기회를 주어야 합니다.

부모의 역할은 실패를 막아주는 것이 아니라, 실패했을 때 곁을 지켜주는 것입니다. 우리의 과제는 아이를 가두는 감옥이 아니라, 넘어져도 다치지 않을 안전망을 만드는 것입니다. 수학 문제 하나를 더 맞히게 하려다 아이가 자신의 문제를 스스로 풀어나갈 힘, 살아가는 힘을 꺾어버리는 우를 범하고 있는 건 아닌지 돌아봐야 합니다.

아이에게 운전대를 맡기는 것이 당장은 불안하게 느껴질 수 있지만 오히려 책임감이 생겨 숙제를 덜 미루게 되는 효과도 있습니다. 부모가 한발 물러서면 아이는 자신감을 얻어 새로운 과제에 더 용기를 내어 도전합니다. 이는 먼 미래의 성공뿐 아니라, 바로 오늘 아이의 학습 태도와 자존감을 높이는 가장 확실한 방법입니다.

아이에게 필요한 것은 비록 어리석더라도 자신의 선택을 지지해 주고, 그 결과가 실패일지라도 부모가 곁에 있어 줄 것이라는 믿음입니다. 그런 믿음을 갖게 될 때 아이는 넘어지는 것을 두려워하지 않는, 스스로 서는 사람으로 성장할 수 있습니다.

왜 성장이 멈추었을까?

부모가 계속해서 아이의 자율성을 빼앗을 때, 아이들이 결국 어떤 모습이 되는지를 보여주는 중요한 사례가 있습니다.

제가 재수학원 원장으로 있을 때 매일 같이 보던 풍경입니다. 이른 아침부터 늦은 밤까지 아이들은 좁은 책상에 앉아 14시간 넘게 공부합니다. 그 치열함만 보면 누구나 원하는 대학에 갈 수 있을 것만 같습니다. 하지만 상담하러 오는 아이들의 눈빛에서 저는 깊은 공허함을 봤습니다.

아이들과의 상담은 좀처럼 진도를 나가지 못했습니다. 모의고사 성적이 떨어진 아이, 특정 과목에서 계속 헤매는 아이를 앉혀 놓고 늘 같은 질문으로 대화를 시작했습니다. "그래, 상황은 알겠어! 그러면 이 문제를 어떻게 해결해 볼 생각이야? 어떤 공부 방법이 필요한지 생각해 봤니?" 스스로 자신의 상태를 진단하고 해결 방법을 찾아보게 하려는 의도였습니다.

아이들의 대답은 늘 비슷했습니다. "일단⋯ 엄마한테 물어볼게요." 처음 한두 번은 대수롭지 않게 넘겼습니다. 하지만 하루에도 몇 번씩 같은 대답을 듣게 되면서, 이것이 아이들의 심각한 상태를 보여 주는 공통적인 증상임을 깨달았습니다. 제 앞에는 스무 살 수험생이 아니라, 엄마의 지시를 기다리는 수행 비서가 앉아 있는 듯했습니다.

자신의 인생이 걸린 문제 앞에서조차 나의 생각이 없는 아이들. 이들에게 실패는 나의 실패가 아닙니다. 엄마의 전략이 실패한 것이고, 선생님의 방법이 틀린 것입니다. 자신의 책임이 아니기에 실패에 대한 뼈아픈 반성과 성찰이 일어날 여지가 없습니다. 그저 또 다른 방법, 또 다른 전략을 엄마가 알려 주기만 기다릴 뿐입니다.

스스로 생각하는 능력을 잃어버린 아이들의 문제는 실제 공부에서 더욱 명확하게 드러났습니다. 아이들은 하루 14시간씩 책상에 앉아 있는데도 성적이 제자리걸음인 경우가 많았습니다. 도대체 왜일까요? 아이들의 일상을 오랫동안 관찰하며 그 이유를 찾을 수 있었습니다. 그들은 스스로 생각하는 어려움을 피하는 데 효과적인 온갖 기술을 터득하고 있었습니다.

문제를 풀다 조금만 막히면, 1분도 채 고민하지 않고 해설지를 펼칩니다. 끙끙거리며 왜 틀렸는지 생각하는 대신 설명을 보며 고개를 끄덕이는 것으로 공부가 됐다고 여깁니다. 어려운 개념을 자기 것으로 만들기 위한 수고보다 쉽고 재미있는 일타 강사의 '쇼'를 보는 만족감에 젖어 있는 경우도 있습니다.

정답이라는 목적지만 확인하고, 그곳까지 가는 길을 스스로 탐색하려는 시도 자체를 회피하는 모습이었습니다. 이해했다고 착각할 뿐 뇌에는 어떤 흔적도 남기지 않는 공부를 매일 같이 반복하고 있었던 겁니다. 결론은 하나였습니다. 아이들의 자율성 회로가 제대로 작동하지 않고 있었습니다. 어릴 때부터 부모가 모든 것을 대신 분석하고, 계획하고, 결정해 주는 환경에서, 아이의 뇌는 생각 회로를 제대로 써본 적이 없었던 겁니다. 아이들 뇌의 생각 근육은 약해질 대로 약해져 있었습니다.

이런 의존성의 씨앗은 어린 시절부터 뿌려집니다. 아이가 혹시 준비물을 빼먹을까 봐 매일 밤 엄마가 대신 가방을 싸 주면서, 우리는 스무 살이 되어서도 자신의 문제를 스스로 해결하지 못하고 엄마를 찾는 아이를 키우고 있습니다.

재수학원은 부모들이 들인 노력의 결과가 냉정하게 드러나는 곳입니다. 아이를 위한다는 명목으로 행해진 헌신적인 개입이 오히려 아이의 뇌를 스스로 생각하지 못하는 미숙한 뇌로 만들고 말았습니다. 부모의 지극 정성이, 아이의 생각할 기회를 빼앗는 가장 큰 독이 될 수 있다는 사실을 확인했습니다.

자율성이 중요하지만 왜 실천하기 어려울까요?

우리는 흔히 아이의 자율성을 존중하는 것이 중요하다고 말합니다. 하지만 정말 그렇게 믿고, 그렇게 행동하고 있을까요? 왜 실제로는 아이를 철저히 관리하는 방식이 더 널리 퍼져 있을까요? 저는 여기에 세 가지 원인이 개입되어 있다고 진단합니다.

첫째는 산업 구조의 문제입니다. 사교육을 중심으로 한 부모 산업은 기본적으로 아이를 관리하고 부모의 불안을 자극해야만 수

익을 창출할 수 있습니다. 자율성 존중은 이 구조와 잘 맞지 않습니다. 둘째는 정보의 속도 문제입니다. 자율성의 효과는 천천히 나타나는 반면, '이것만 하면 된다'는 즉각적인 성과 보장형 정보(관리 방식)는 알고리즘을 타고 더 빠르고 넓게 확산합니다. 셋째는 부모의 심리적 부담 때문입니다. 부모인 나 자신을 바꾸는 것, 아이를 통제하고 싶은 욕구에서 벗어나는 것이 생각보다 훨씬 더 어렵고 고통스럽기 때문입니다.

아이에게 자율성을 부여하는 방식을 인정하는 순간, 자신이 그동안 아이를 관리해 온 과거 방식이 틀렸을 수도 있다는 불편한 진실을 마주해야 합니다. 그래서 '저건 방임일 뿐이야!'라고 공격하며 자기방어를 하거나, '나는 이미 아이에게 이렇게 투자했는데'라며 매몰 비용의 함정에 빠져 외면하거나, '다들 이렇게 하잖아'라며 동조 압력에 기대 합리화합니다. 또한 아이 실패는 곧 나의 생존 위협이라는 뇌의 경보가 이성적 판단을 방해하기도 합니다.

안타깝게도 현실에서 자율성 존중 방식의 자녀교육 성공 사례는 매우 드뭅니다. 성공 사례를 자주 접하지 못하는 것도 아이에게 자율권을 주는 부모가 되기 더욱 어렵게 만드는 이유 중 하나입니다. 자율성 존중 방식 실천하기는 성공 확률이 낮아서가 아니라, 동조 압력, 불안 마케팅, 권위주의 문화 같은 사회적 제약 요인이 부모들을 포위하고 있어 시도 자체가 어렵습니다. 시도하는 사람 자체가 적으니 성공 사례도 드물 수밖에요.

　누구나 결국에는 '자기 인생의 운전자'가 되어야 합니다. 결국 선택은 명확합니다. 부모의 단기적인 편안함을 위해 아이의 장기적인 불편함을 외면할 것인지, 아니면 지금 나의 불편함을 기꺼이 감수하고 아이에게 평생의 자산을 물려줄 것인지, 어떤 불편을 누구를 위해 감당할 것인지 결정하는 일만 남았습니다.

자율성 존중과 그 적들

아이의 자율성을 존중하는 것이 왜 부모에게도 이로운지, 다른 각도에서 살펴보겠습니다. '내가 아이의 모든 것을 통제해야만 아이가 제대로 갈 수 있다'는 통제의 환상은 필연적으로 부모의 번아웃을 초래합니다.

　집약형 모델의 부모는 아이 인생의 모든 변수를 예측하고 관리하려 애씁니다. 마치 신처럼 말이죠. 하지만 아이는 변수투성이인 살아있는 존재입니다. 부모가 아무리 애써도 아이의 모든 실패를 막을 수는 없고, 모든 성공을 보장할 수도 없습니다. 결국 '내가 모든 것을 통제할 수 있다'는 환상은 깨지기 마련이고, 그때 부모는 깊은 무력감과 좌절감에 빠집니다. '내가 이렇게까지 했는데 왜 안 되는 걸까?' 하는 억울함은 아이를 향한 비난으로 이어지기 십상이죠. 부모는 아이 인생에 대한 무거운 책임감에 짓눌려 소진되고, 아이는 부모의 불안과 통제 속에서 질식합니다.

아이에게 인생의 운전대를 넘겨주는 것은 단순히 아이만을 위한 선택이 아닙니다. 아이 인생의 결과에 대한 무거운 책임감으로부터 부모를 해방시키는 과정이기도 합니다. '이것은 너의 인생이고, 너의 선택이며, 그 결과 역시 너의 몫이다'라고 선언하는 순간, 부모는 아이 인생의 총책임자라는 부담스러운 자리에서 내려와 조력자이자 응원단이라는 훨씬 가볍고 행복한 역할로 이동할 수 있습니다.

물론 아이가 넘어질까 봐 불안할 때도 있을 것입니다. 하지만 그 불안을 관리하는 법을 배우는 것이 아이 인생 전체를 대신 짊어지려는 헛된 노력보다 훨씬 더 현실적이고 건강합니다. 아이에게 자율성을 주는 것은 아이를 믿는 행위인 동시에 '나는 신이 아니다'라고 인정하는 겸손함이며 소진된 부모를 위한 가장 현명한 자기 보존 전략입니다. 아이를 통제하고 싶은 유혹에 시달릴 때, (아이가 아직 어리더라도) '이제부터 해방이다'라고 외치는 자신의 모습을 떠올려 보세요. 자율성 존중이 훨씬 더 매력적인 제안으로 다가올 것입니다.

아이의 자율성을 보장하는 길은 마음 안팎으로 수많은 적과 싸워야 하는 외로운 길이라고 했습니다. 불안이 밀려올 때는 '아, 내 뇌의 경보 장치가 또 울리는구나. 이건 아이의 문제가 아니라 나의 불안이 사고를 치려 하는구나' 하고 알아차려야 합니다. 주변과의 비교로 마음이 흔들릴 때, '이건 내 아이의 속도와 상관없는 외부의 소음일 뿐'이라고 선을 그을 수 있습니다. 우리가 겪는 불안과 흔들림은 지극히 자연스러운 심리 반응이자 교묘한 사회적 압력의 결과입니다. 이 사실을 알아차리고 스스로를 다독일 때, 우리는 비로소 불필요한 죄책감에서 벗어나 아이의 자율성을 지켜줄 수 있다는 단단한 자신감을 갖게 될 것입니다.

그 성적표… 엄마 거잖아요

EBS 다큐멘터리 〈공부 못하는 아이〉 제작에 참여하며 한 가족을 만났습니다. 좋은 직장의 아빠, 일본 국제학교 경험을 쌓은 아이, 그리고 아이를 위해 결단하고 이사한 목동 아파트까지, 겉보기에는 남부러울 게 없었죠.

　사연은 이랬습니다. 아빠의 해외 발령으로 아이는 초등 시절을 일본 국제학교에서 보냈습니다. 자유로운 분위기에서 밝게 자랐죠. 문제는 한국으로 돌아와 목동에 터를 잡으면서 시작됐습니다. 엄마는 '목동이니까 아이 공부에 도움이 되겠지' 하고 막연히 기대했지만 학원가의 평가는 냉혹했습니다. "어머님, 아이가 지금 아무것도 안 되어 있네요." 그 한마디에 엄마의 세상은 무너져 내렸습니다. 그날 이후, 집은 전쟁터가 되었죠. 엄마는 총사령관이 되어 아들의 24시간을 지휘했습니다. 엄마의 삶은 온전히 아들의 입시 프로젝트가 되어 버렸습니다. 사건은 예고 없이 터졌습니다. 어느

날 저녁, 아이가 받아 온 일본어 시험지를 앞에 두고 엄마의 추궁
이 시작됐습니다. 단 한 문제를 틀렸을 뿐이었습니다.

"이거 왜 틀렸어? 다른 거면 모르겠다. 네가 살다 온 일본어 문
제잖아? 도대체 정신을 어디다 판 거니?" 아이는 고개를 숙인 채
말이 없었습니다. 아이의 침묵에 엄마의 목소리는 점점 날카로워
졌습니다. "이런 어이없는 실수를 하는데 네가 널 어떻게 믿니! 앞
으로 토 달지 말고 엄마가 시키는 대로 하는 거야. 알았지!"

그 순간, 아이의 입술이 파르르 떨렸습니다. 아이는 천천히 고개
를 들어 엄마를 보았습니다. 절규나 분노가 아니었습니다. 모든 것
이 무너져 내린, 텅 빈 눈빛. 그리고 나지막이 내뱉은 한마디, "그
성적표… 엄마 거잖아요. 내 인생이 아니라, 엄마 인생."

부모님들, 혹시 이 어머니의 이야기가 유별나게 들리시나요? 하
지만 '일본어 시험'을 '단원평가'로, '목동'을 '우리 동네'로 바꾸어
생각해 보면, 아이의 작은 실수 하나에 부모의 자존심이 무너지는
경험은 우리 모두에게 결코 낯설지 않습니다.

이렇게 아이의 삶과 자신의 삶을 분리하지 못하고 한 덩어리로
엉켜버린 상황을 저는 자주 목격합니다. 아이의 성공에 자신의 인
생을 거는 그 뿌리에는 부모 자신의 채워지지 않은 욕망이 똬리를
틀고 있는 경우가 많습니다. 자신의 좌절된 욕망, 상처, 사회적 불
안감이 '아이의 성적'이라는 한 지점에 응축되는 것입니다. 아이의
성적표는 더 이상 아이의 것이 아니라 부모의 자존심, 존재 이유,

지난 세월의 보상으로 변해 있습니다.

그런 부모에게 아이의 자율성을 허락하는 것은, 자신의 삶을 지탱해 온 기둥을 스스로 허무는 것 같은 고통을 동반합니다. 하지만 이 고통스러운 분리 과정을 거치지 않으면 아이는 부모를 대리하는 인생을 결코 벗어날 수 없습니다. 아이의 텅 빈 눈빛은 단순한 반항이 아니었습니다. '나를 독립된 인격체로 봐달라'는 구조 신호였습니다. 우리는 성적에 가려진, 아이의 그 절규에 먼저 답해야 합니다.

제가 아이 마음을 망쳐놓은 건 아닐까요?

어느 날, 한 어머님이 혼란스러운 표정으로 찾아오셨습니다. 아이를 위해 모든 것을 완벽하게 관리해 왔다고 믿었지만, 어느 날부터 아이가 웃음을 잃고 눈에 생기가 사라졌다고 하셨죠. 어머니와의 대화를 일부 옮겨 보겠습니다.

"제가 정말 잘하고 있다고 믿었거든요. 아이를 위해 뭐든지 다 했어요. 초등 때부터 시간표, 숙제, 문제집 하나까지 제가 다 관리했는데, 요즘 아이가 웃질 않아요. 눈에 생기가 없어요. 텅 빈 눈으로 쳐다봐요. '내가 지금 뭘 하고 있는 거지? 내 방식이 틀렸나?' 가슴이 쿵 내려앉아요. 제가 틀렸을지도 모른다는 생각이 드니까 너무 무서워지는 거예요. 소장님, 제가 우리 애 마음을 망가뜨린 건 아닐까요? 그게 제일 두려워요.”

“어머님, 아이를 위해 애쓴 시간과 사랑은 결코 틀린 것이 아닙니다. 다만, 아이가 자라면서 옷 사이즈가 바뀌듯 부모의 역할이 바뀌어야 할 시간이 온 것뿐이에요. 지금까지 어머님께서 아이의 모든 것을 책임지는 관리자였다면, 이제 아이가 스스로 길을 찾도록 돕는 정원사가 되어보는 건 어떨까요? 정원사는 씨앗을 꽃으로 만들려고 억지로 잡아당기지 않죠. 대신 흙을 골라주고, 물을 주고, 햇빛이 잘 드는 곳으로 옮겨 주며 씨앗이 가진 힘을 믿고 기다려 줍니다. 이제 아이가 스스로 꽃을 피울 수 있도록 햇빛과 물을 주는 역할을 해보는 겁니다.”

처음부터 모든 걸 바꾸려 하지 마세요. 아주 작은 것부터 시작하는 겁니다. 예를 들어, 오늘 저녁 아이에게 이렇게 말해 보세요. “내일 학원 숙제, 저녁 먹고 바로 할지, 한 시간 쉬었다 할지, 네가 한번 정해 볼래?” 하고요. 아주 작은 운전대지만, 아이에게 직접 한번 맡겨보는 겁니다. ‘내 의견이 존중받고 있구나’ 느낌을 받는 그 순간, 아이의 텅 빈 눈에 아주 작은 빛이 다시 들어올지도 모릅니다.

자율주행을 바라면서 운전대를 놓지 못하는 부모들에게

자율성이 높은 아이들을 만나 얘기하다 보면 자신만의 시간과 공간이 충분히 보장되어 있다는 사실을 발견합니다. 물리적인 방의 크기가 아니라, 누구의 방해도 받지 않고 오롯이 자기 생각에 잠기거나 뒹굴거릴 수 있는 심리적 영토가 있다는 뜻이죠. 하지만 도시화, 핵가족화, 아파트 주거 환경은 아이의 자율성을 심각하게 침해합니다. 아이는 부모의 시야라는 보이지 않는 CCTV 아래에 놓이는 셈입니다.

사회적 불안까지 높아지면서, 아이들의 성장에 꼭 필요한 자율적인 경험은 완전히 뒷전으로 밀려났습니다. 또래들끼리 넘어지며 놀았던 동네 놀이터가 아니라, 부모 시선이 닿는 키즈카페에서 노는 시대입니다. 촘촘한 감시망에서 자란 아이에게 어느 날 갑자기 자율성을 기대하는 것은 어쩌면 처음부터 모순일지 모릅니다.

아이러니하게도, 철저하게 아이를 관리하다가 어느 순간 기대를 바꾸는 부모님도 많이 있습니다. 아이가 중학생이 되고 더 이상 관리가 통하지 않는 시점이 되면 갑자기 이렇게 말씀하시죠. "이제 스스로 알아서 할 때도 되지 않았니, 언제까지 엄마가 챙겨줘야 해?"

하루 24시간 관리받던 아이가 어느 날 갑자기 스스로 계획을 세우고 미래를 설계하는 사람으로 변할 수 있을까요? 자율성은 근육과 같습니다. 작은 무게부터 꾸준히 들어 올리는 연습을 해야만 강해집니다. 처음부터 무거운 역기를 들 수 있는 사람은 없습니다. 아이에게 필요한 것은, 앞으로 자율적으로 행동하라는 갑작스러운 허락이 아닙니다. 일상에서 자율성을 훈련할 수 있는 작은 기회부터 제공해야 합니다. 준비물을 챙겨주지 않아 아이가 곤란해지는 경험, 정해진 용돈 안에서 소비를 계획하게 하는 경험, 학원 스케줄을 아이와 상의해서 결정하는 경험 등 일상에서 이루어지는 선택과 그에 따른 결과를 책임지는 경험을 하면서 아이들은 자연스럽게 자율성 근육을 키웁니다. 자율성은 결코 방임이 아닙니다. AI라는 강력한 도구를 수동적으로 따르는 소비자가 아니라, 명확한 목적을 가지고 지능을 부리는 지휘자로서의 주체성을 기르는 실전 연습입니다. 그래도 여전히 자율성 허용이 막연하고 두렵게 느껴진다면, 다음과 같은 방법으로 '자율성 근육 키우기 플랜'을 세워 보는 것은 어떨까요?

자율성 근육 키우기 플랜

1주차: 작은 선택, 가벼운 무게로 반복하기

아이가 직접 다음 날 입을 옷을 고르게 하기, 숙제 시작 시간 및 순서 정하기, 주말 오전 활동 아이 주도로 계획하기 등 실패해도 괜찮은 작은 선택 맡기기

2주차: 선택의 결과를 책임지는 연습, 중간 무게 도전하기

아이가 스스로 학교 가방 싸게 하기(준비물 빠뜨려도 부모가 해결해 주지 않기!), 일주일 용돈(교통비, 간식비 등) 예산 내 자율 사용 및 관리하기, 잠자는 시간 스스로 정해보기 등 선택의 결과를 책임지는 연습하기

3주차 이후: 더 큰 책임감 연습하며 점진적 증량하기

아이가 1, 2주차 과제에 익숙해지면, 주말 계획 세우기(어디 갈지, 누구
만날지 포함), 학원 선택 함께 고민하기(정보 찾아보고 장단점 분석해오기),
한 달 용돈 전체 관리하기 등 점차 더 큰 책임감을 요구하는 과제로 나아가기

리모컨은 부모님 손에 쥐고 있으면서 아이에게 보고 싶은 대로 자유롭게 보라는 부모님들이 적지 않습니다. 때로는 아이가 엉뚱한 채널을 골라 시간을 낭비하는 모습을 그대로 지켜봐 줄 용기가 필요합니다. 부모가 짜 준 완벽한 계획표보다, 아이 스스로 세운 엉성한 시간표가 아이를 더 크게 성장하게 합니다. 용돈으로 갖고 싶던 게임 아이템을 바로 살지, 몇 주를 더 모아 근사한 농구화를 살지 고민하는 작은 경험. 이런 사소한 고민의 시간이 쌓여, 아이는 비로소 자기 인생의 주인이 됩니다.

부모 마음에서 아이 떠나보내기

다급하게 상담을 요청하는 분들의 얘기는 비슷합니다. 마치 최고급 기계를 수리 맡기듯 아이의 문제점을 상세히 브리핑하며 말씀하시죠. "우리 아이 좀 고쳐 주세요." 하지만 저는 아이의 성적 그래프 대신 어머님의 지친 얼굴, 아이 이야기를 하는 내내 굳은 표정, 아이의 실패를 자신의 실패인 양 말하는 목소리의 떨림을 먼저 봅니다.

아이와 부모 마음이 엉켜 있으면 아이의 고유한 색과 결을 분간할 길이 없습니다. 아이가 부모 마음에서 한 걸음 떨어져 나와 거리가 생겨야 비로소 아이의 모습이 제대로 보입니다. 그래서 저는 아이를 고쳐달라고 오신 분들이 황당해할 처방을 내리는 경우가 많습니다. "어머님, 이제 어머님 마음의 우주에서 아이를 떠나보내셔야 합니다."

우주에서 아이를 떠나보내라는 요청은 아이가 떠나간 자리가 폐허처럼 남지 않도록 엄마의 우주에 부모 자신, 나라는 새로운 별을 띄우라는 요청이기도 합니다. 아이를 향한 레이더를 잠시 끄고 먼지 쌓인 자신만의 세계와 욕구를 다시 들여다보는 것입니다.

'저 엄마는 애를 참 잘 관리한다'는 말이 때로는 칭찬처럼 들리지만 아이 입장에서 관리는 숨 막히는 통제일 뿐입니다. 부모의 욕망과 아이의 필요가 뒤섞인 채 아이를 관리하는 것은 아이를 엇나가게 만드는 가장 확실한 방법입니다. 우리 현실에서는 아이가 공부를 못하면 부모는 불행해져야만 하는 것처럼 느껴집니다. 아이 때문에 불행하다는 생각이 들면 부모는 아이에게 밀착하고 아이는 부모의 관리에 의존해 근근이 버팁니다. 부모의 관리는 점점 더 타이트해지는 악순환에 빠집니다.

부모도 자기 삶의 중심이 단단해지면 그만큼 아이를 밀어낼 수 있습니다. 부모님도 아이에게서 잠시 멀어져 부모 자신의 삶을 회복하면 아이와 상관없이 행복을 찾으니까 너무 좋다고 말할 수 있게 됩니다. 부모가 먼저 행복해야 아이를 관리의 대상이 아닌 사랑의 대상으로 볼 수 있는 거리가 생깁니다.

아이와 거리를 두라는 처방을 실천하는 동안 세상의 시선이라는 차가운 장벽도 마주하게 됩니다. 엄마가 자신의 삶을 찾기 시작하면, 특히 학군지에서는 어김없이 속삭임이 시작되죠. '이제 애 포기했나 봐.' 수군거리는 소리가 들리는 것만 같고 나쁜 엄마라는 낙인에 대한 공포가 우리를 주저앉게 만듭니다. 하지만 기억해야 합니다. 내 마음의 우주에서 아이를 떠나보내는 것은 결별이 아닙니다. 아이가 자신만의 빛을 내는 별이 될 수 있도록 온전한 우주를 선물하는 것입니다. 부모가 아이에게 줄 수 있는 가장 위대한 사랑이자 믿음입니다.

다시 보기! 양소영 변호사의 교육법

여전히 많은 부모님이 아이의 성적표 앞에서 무너집니다. 아이의 미래가 그 숫자 몇 개에 달린 것처럼 일희일비하고, 그 감정의 파도는 고스란히 아이와의 관계를 덮칩니다. "성적이 이게 뭐니!"라는 말 한마디는 집안을 순식간에 전쟁터로 만들고, 아이는 성적표를 숨기고 부모는 아이를 추궁하는 소모전이 시작되죠. 양소영 변호사는 이 지긋지긋한 전쟁을 아주 단순한 방법으로 멈췄습니다. 바로 성적표를 보지 않는 것입니다. 단순히 쿨한 엄마의 모습이 아니라, 자신의 상처와 실패를 통해 세운 단단한 부모 원칙의 적극적인 실천이었습니다.

부모 원칙 첫째, 결과가 아닌 관계에 집중했습니다. 부모가 성적표에 집착하는 순간, 아이와의 관계는 성적 관리에 매몰되기 마련입니다. 성적은 사랑과 인정을 받기 위한 조건이 되고 아이는 부모를 지지자가 아닌 평가자로 인식하게 되죠. 양 변호사는 성적표라는 가장 강력한 평가 도구를 스스로 포기함으로써 아이에게 나는 너의 점수가 아닌 너의 존재 자체를 믿는다는 가장 확실한 메시지를 전했습니다.

둘째, 속도보다 방향을 따랐습니다. "성적표를 안 보면 아이가 방심하지 않을까요?" 많은 부모님이 불안해합니다. 양 변호사에게는 속도보다 방향이 중요하다는 확고한 원칙이 있었습니다. 성적이라는 단기적인 속도에 연연하기보다, 아이가 스스로 공부의 주인이 되어 자기 방향을 찾아가는 긴 호흡을 믿었던 것입니다. 성적표를 보지 않는 것은 아이에게 '결과는 네 책임'이라는 자율권을 넘겨주는 가장 강력한 신호였습니다. 아이들은 잠시 흔들릴지언정 다시 자신의 책상으로 돌아와 스스로의 힘으로 공부의 방향키를 잡았습니다.

양 변호사의 원칙은 공부를 해나가는 고단한 과정에서도 아이에게 숨 쉴 틈을 열어주는 지혜로 이어졌죠. 둘째 딸이 학원 생활을 지옥에 비유하는 것을 듣고, '학원 빠지는 날 쿠폰'이라는 합법적인 땡땡이 시간을 만들어 주었습니다. 한 달에 한 번, 아이가 원할 때 학원을 빠질 수 있는 이 쿠폰은 빽빽한 스케줄 속의 오아시스가 되어 주었습니다. 규칙을 포기한 것이 아니라, 긴 입시 레이스에서 아이가 지쳐 쓰러지지 않도록 페이스를 조절해 준 전략이었습니다.

성적표를 보지 않는 용기, 학원을 빠질 권리를 주는 여유, 이 두 가지는 같은 뿌리를 가졌습니다. 부모 스스로 자신의 불안을 먼저 다스리고, 아이의 가능성을 끝까지 믿어주는 것이죠. 양소영 변호사 가정의 성공은 특별한 비법이 아니라, 너무나 당연하지만 흔들리기 쉬운 원칙을 일관되게 지켜냈기에 가능했습니다.

성적표를 덮는 작은 행동 하나가 아이의 자율성을 깨우고, 관계를 지키며, 부모의 불안까지 잠재우는 가장 소중한 실천이 될 수 있습니다. 아이의 성적표 앞에서 마음이 흔들린다면 잠시 그 숫자에서 벗어나 대신 아이의 눈을 바라봐 주는 것은 어떨까요? 그 안에 점수보다 훨씬 더 중요한 아이의 진짜 세상이 담겨 있을 테니까요.

한눈에 비교하기

	관리형 부모 (아이 인생 대리인)	협력형 부모 (성장의 조력자)
아이 시선	내가 책임져야 할 미숙한 존재	스스로 성장할 힘을 가진 존재
결정 방식	부모의 정답 제시, 통제	아이의 선택 존중, 지원
실패 태도	어떻게든 막아야 할 위험	성장을 위한 필수 경험
부모 역할	길을 닦아주는 운전기사	스스로 길 찾도록 돕는 내비게이터
결과	수동적 추종자, 생각 근육 약화	능동적 주도자, 자율성 근육 강화

10분 미션 ‘작은 운전대’ 넘겨주기 연습

자율성 존중은 거창한 선언이 아니라, 일상에서 아이에게 작은 선택권을 넘겨 주는 연습에서 시작됩니다. 이번 주부터 자율성 근육 키우기 연습 1단계를 시작해 보세요.

1. 우리 집 ‘자율성’ 온도 측정하기

최근 일주일을 돌아보며 아이 입장에서 체크해 보세요.

☐ 자신의 하루 일과(학습, 놀이 시간 등)를 스스로 결정하나요?

☐ 학원이나 활동 선택 시 자신의 의견이 존중받는다고 느끼나요?

☐ 부모에게 자신의 생각을 (반대 의견까지) 자유롭게 말할 수 있나요?

☐ 용돈 등 자신에게 주어진 것을 스스로 관리하나요?

☐ 자신이 실수한 결과를 스스로 책임질 기회를 갖나요?

체크한 항목이 2개 이하라면 아이는 '관리'에 익숙한 상태일 수 있습니다. 3~4개라면 긍정적입니다. 체크하지 않은 항목이 바로 '작은 운전대'를 넘겨줄 수 있는 영역입니다. 만약 5개 모두 해당한다면 아이는 충분히 자율성을 발휘하고 있다고 볼 수 있습니다.

2. 자율성 근육 키우기 첫 단계, 작은 운전대 넘겨주기

오늘 하루 동안, 아이가 스스로 결정할 수 있는 아주 사소한 일 딱 한 가지를 찾아 아이에게 온전히 맡겨 봅니다. 부모의 조언이나 개입 없이 아이의 선택을 100% 지지하는 것이 중요하므로, 실패해도 괜찮은 영역에서 시작하는 것을 추천합니다.

[예시]

메뉴 정하기: "오늘 저녁 메뉴, 네가 한번 정해 볼래? 엄마는 맛있게 준비해 볼게."

옷 고르기: "내일 입고 갈 옷, 네 마음에 드는 걸로 직접 골라 보는 건 어때?"

여가 계획하기: "주말 오전에 뭐 할지, 네 계획을 한번 세워 볼래?"

공부 순서 정하기: "오늘 숙제, 수학부터 할지 영어부터 할지 네가 순서 정해 볼래?"

3. 결과보다 '선택 과정' 자체를 칭찬하기(피드백)

아이의 선택이 서툴거나 결과가 만족스럽지 않더라도, 비난하거나 결과를 수정해 주려 하지 않습니다. 대신, 스스로 고민하고 선택하고 책임지려 한 '과정' 자체를 구체적으로 칭찬해 줍니다.

[예시]

"스스로 메뉴를 정하고 이유까지 설명하는 모습, 정말 좋았어!"

"네가 직접 고른 옷을 입으니 기분이 더 좋아 보이는걸!"

"네가 세운 계획대로 움직이니 더 신나지?"(만일 결과가 아쉬울 경우)

"다음엔 시간 배분만 조금 더 신경 쓰면 완벽하겠다!"(결과 지적 대신 발전 방향 제시)

"어떤 과목부터 할지 스스로 고민하고 결정하다니, 정말 잘했어! 계획 세우는 능력이 점점 좋아지는 것 같아."

FAQ

Q. 아이에게 맡겨두니 엉망진창입니다. 정말 괜찮을까요?

A. 네, 괜찮습니다! 아이의 서투른 선택과 그로 인한 작은 실패들은 엉망진창이 아니라, 아이가 자율성 근육을 키우는 훈련 과정입니다. 중요한 것은 실패 자체가 아니라, 실패를 통해 아이가 무엇을 배우고 다음 선택을 어떻게 수정해 나가는지 '과정'을 지켜봐 주는 것입니다.

Q. 아이가 아무것도 선택하려 하지 않고 귀찮아합니다.

A. 오랫동안 부모 결정에만 따라왔다면, 스스로 선택하는 것이 어색하고 부담스러울 수 있습니다. 이럴 때는 부담 없는 아주 작은 선택, 예를 들면 간식 고르기, TV 프로그램 고르기부터 시작하세요. 그리고 어떤 선택이든 판단 없이 지지해 주어야 합니다. 아이가 "내가 선택해도 괜찮구나", 안전감을 느낄 때, 비로소 자율성의 싹이 트기 시작합니다. (6장 107쪽의 '자율감' 부분 참조)

9장

세 번째 기둥, 과정 중심주의
실패를 최고의 자산으로 만드는 기술

이제 협력의 집을 더욱 튼튼하게 받쳐줄 세 번째 기둥, '과정 중심주의'를 세울 차례입니다. 이 기둥은 아이가 필연적으로 마주할 실패 앞에서 무너지지 않고, 오히려 그 경험을 디딤돌 삼아 더 크게 성장할 수 있도록 돕는 핵심 설계입니다.

진짜 성장은 눈에 보이는 결과 뒤에 숨겨진 과정에서 일어납니다. 아이가 어떤 어려움 앞에서 좌절하고, 어떻게 다시 일어서며, 그 과정에서 무엇을 배우는지를 깊이 들여다보는 것, 그것이 바로 과정 중심주의의 시작입니다.

이 장에서는 아이의 실수를 문제가 아닌 성장의 기회로 바라보는 새로운 관점을 제시하고 우리 집에 '실패 환영 문화'를 만드는 구체적인 방법들을 함께 모색할 것입니다. 아이의 점수가 아닌 가능성을 믿을 때, 실패는 더 이상 두려움의 대상이 아니라 성장을 위한 최고의 자산이 될 것입니다.

성적표 너머 아이의 진짜 세상 보기

아이가 성적표를 받아 온 날, 혹시 돋보기부터 찾지는 않으시나요? 아이의 노력이나 어려움은 잠시 잊은 채, 틀린 문제 개수, 떨어진 등수, 반 평균과의 격차 같은 숫자에만 시선이 고정되는 순간 말입니다. 성적표는 마치 돋보기와 같습니다. 우리가 무엇에 초점을 맞추느냐에 따라 아이의 세상은 전혀 다르게 보입니다.

결과 초점 돋보기

많은 부모님이 너무나 자연스럽게 성적이라는 숫자에 돋보기를 맞춥니다. 그러면 아이의 실수, 부족함, 남들과의 격차만 크게 확대되어 보이죠. "이 쉬운 걸 또 틀렸네!", "옆집 애는 올랐다는데 너는 왜 떨어졌니?" 불안과 실망 섞인 말이 절로 나옵니다. 아이는 점점 작아지고, 성적표는 아이를 비난하는 기소장이 됩니다.

과정 초점 돋보기

과정에 초점을 맞춰 보면 어떨까요? 틀린 문제 속에서 아이가 어떤 개념을 헷갈리는지, 어떤 유형의 실수를 반복하는지, 시험 볼 때 어떤 어려움을 겪었는지(시간이 부족했는지, 긴장했는지 등) 그 과정이 보이기 시작합니다. "아, 이 부분을 어려워했구나. 같이 한번 다시 볼까?", "시간이 부족했구나. 다음엔 시간 배분 연습을 좀 더 해

보자.” 비난 대신 아이의 어려움에 공감하고 구체적인 해결책을 함께 찾아가는 대화가 가능해집니다. 성적표는 아이를 이해하고 돕는 진단서가 되는 것이죠.

결국 아이를 성장시키는 것은 결과에 대한 냉정한 평가가 아니라, 과정에서 겪은 어려움에 대한 따뜻한 공감과 지지입니다. 우리가 초점을 어디에 맞추느냐에 따라, 아이는 좌절감이 깊어져 주저앉을 수도 있고, 실패를 딛고 다시 일어설 용기를 얻을 수도 있습니다.

성적표는 다음을 위한 데이터 리포트

실패, 특히 기대보다 낮은 성적표에 대한 우리의 감정적 반응부터 먼저 바꿔야 합니다. 과학 연구나 비즈니스 업계를 생각해 보세요. 실험이 실패하거나 프로젝트 결과가 예상에 미치지 못했을 때, 그것을 연구원이나 담당자의 무능이나 가치 없음의 증거로 직결시키지는 않습니다. 오히려 설계를 수정하고 더 나은 전략을 세우는 데 필요한 귀중한 데이터로 활용하죠. 참고로 AI가 결과(정답)를 무료로 알려주는 시대에 결과물 자체는 큰 가치를 갖지 못합니다. 오히려 그 결과에 이르는 자기만의 스토리와 실패를 극복한 포트폴리오가 졸업장보다 강력한 무기가 됩니다.

아이의 성적표도 마찬가지입니다. 수학 시험에서 틀린 문제는 아이가 수학 머리가 없다거나 노력이 부족하다는 인격적 평가의 근거가 되어서는 안 됩니다. 현재 이 아이는 분수 개념 이해가 부족하다 또는 문제 풀이 속도를 높일 필요가 있다는 사실을 알려주는 고품질 데이터일 뿐입니다. 실패는 아이의 가치에 대한 심판이 아니라, 성장을 위한 정보입니다.

이런 관점의 전환은 부모의 역할을 근본적으로 바꿉니다. 부모는 더 이상 아이의 성적을 판결하는 심판관이 아니라, 아이의 학습 관련 데이터를 함께 분석하고 개선 방향을 찾는 데이터 분석가이자 전략 파트너가 되는 것입니다. 아이의 엉망인 성적표 앞에서도 이렇게 말해보는 건 어떨까요?

"자, 데이터를 같이 한번 보자. 이번 수학 시험 데이터 리포트에 따르면, 연산 파트에서 오류가 집중적으로 나타났네. 특히 분수 계산에서 반복적인 패턴이 보여. 아, 곱셈할 때 통분을 안 하는 실수가 있었구나! 아주 유용한 정보인데? 덕분에 우리가 다음 주에 정확히 무엇을 집중 보완해야 할지 알게 됐어! 이 데이터 정말 고맙다. 같이 한번 다음 작전을 짜볼까?"

똑같은 실패 상황이라도 부모가 실용적인 문제 해결 태도를 보일 때, 아이는 문제를 해결해 볼 수 있겠다는 희망을 느낍니다. 실패를 대하는 부모의 언어가 바뀌면 아이의 마음도 바뀝니다.

선물로 돌아온 서울대 합격증

교육 컨설턴트로 일하면서 가장 인상 깊었던 아이 중 한 명을 꼽으라면 단연 이 학생입니다. SKY 대학과는 거리가 멀어 보였던 평범한 학생이었는데 모두의 예상을 깨고 서울대에 합격했죠. 합격자 발표 날, 아이는 제게 달려와 벅찬 목소리로 말했습니다. "소장님, 저 합격했어요! 이건 제가 노력해서 얻은 게 아니라 소장님이 제게 주신 선물 같아요."

제가 특별한 비법을 알려준 것은 아니었습니다. 딱 한 가지, 오답 노트 작성법을 집요하게 가르쳤을 뿐입니다. 다른 아이들이 더 어려운 문제집, 더 유명한 학원을 찾아 헤맬 때 그 아이는 묵묵히 자신이 틀린 문제들, 즉 실패 데이터를 파고들었습니다. 왜 틀렸는지 분석하고(데이터 분석), 관련된 개념을 다시 찾아보고(개선점 도출), 비슷한 유형의 문제를 다시 풀어 보는(전략 실행) 과정을 지루할 정도로 반복했죠.

성적은 더디게 올랐고 때로는 제자리걸음처럼 보이기도 했습니다. 하지만 아이는 조급해하지 않았습니다. 틀린 문제 하나하나가 자신의 약점을 알려주는 소중한 선물이자 성장을 위한 데이터임을 알았기 때문입니다. 결국 그 꾸준함이 아이 안에 단단한 실력의 토대를 쌓아 올렸고, 마지막 순간에 폭발적인 성장을 가능하게 했습니다.

아이가 제게 선물이라고 말했던 것은 결과에 연연하지 않고 과정을 즐기며 자신의 약점을 기꺼이 마주하는 태도였을 겁니다. 그것이야말로 제가 가르쳐 주고 싶었던 진짜 공부의 기술이었으니까요. 이제 아이가 틀린 문제를 가져왔을 때 "이 쉬운 걸 왜 틀렸어!"라고 다그치기보다, "와, 네 약점을 알려주는 보물 지도를 찾았네! 같이 한번 보물찾기 해 볼까?"라고 말해 주는 건 어떨까요? 틀린 문제는 아이를 비난할 증거가 아니라, 아이가 성장할 방향을 알려 주는 가장 친절한 안내자입니다.

칭찬의 역효과, 꺾인 영재들

"우리 애는 머리는 좋은 것 같은데 노력을 안 해요." 많은 부모님이 아이의 재능을 칭찬하면서도, 그 재능이 노력으로 이어지지 않는 현실 앞에서 답답함을 토로합니다. 그런데 혹시 정말 머리 좋은 아이가 노력하지 않는 원인이 아이의 머리를 칭찬했던 그 말 한마디에 있었을지도 모른다는 생각, 해보신 적 있으신가요?

영재 소리를 듣던 아이들 중 상당수가 어느 순간 성장이 멈추거나 오히려 퇴보하는 안타까운 경우를 정말 많이 목격했습니다. 화려했던 시작과 달리 평범한 아이들보다 더 쉽게 좌절하고 도전을 피하는 모습을 보였죠. EBS 다큐멘터리 〈학교란 무엇인가〉 6부, '칭찬의 역효과' 편에서도 충격적인 사실이 소개됩니다.

"1960년대 이후 신문, TV를 통해 알려진 과학신동 총 64명의 성장 경로를 추적조사한 결과, 7명을 제외한 나머지는 현재 모습이 어릴 적 받은 국민적 기대에 미치지 못한다면서 면담을 거절"(2000년, 한국과학영재지원센터)

"1980년대 전후로 태어난 영재 81명 추적 결과 50% 이상은 평범하고 상식적인 기대 수준에 못 미쳤으며 12.4%는 고교 졸업 후 취업 및 대입 재수"(2003년, 한국교육개발원 보고서)

도대체 왜 이런 일이 벌어지는 걸까요? 그 비밀은 바로 칭찬의 방식에 있습니다. 스탠퍼드 대학의 심리학자 캐럴 드웩Carol S. Dweck 교수는 수십 년의 연구를 통해 아이들의 성취와 동기에 결정적인 영향을 미치는 두 가지 마인드셋이 있음을 밝혀냈습니다. 바로 고정 마인드셋Fixed Mindset과 성장 마인드셋Growth Mindset입니다.

고정 마인드셋

지능이나 재능은 태어날 때부터 정해져 있다고 믿는 마음가짐입니다. '똑똑하다'는 칭찬에 집착하고, 자신의 능력이 부족해 보일 수 있는 어려운 도전은 피하려 합니다. 실패는 곧 자신의 타고난 한계를 증명하는 끔찍한 사건으로 여깁니다.

성장 마인드셋

지능이나 재능은 노력을 통해 얼마든지 발전시킬 수 있다고 믿는 마음가짐입니다. '노력하는 과정' 자체를 중요하게 여기고, 어려운 도전을 성장의 기회로 받아들입니다. 실패는 좌절이 아니라 더 나아갈 방향을 알려주는 소중한 정보라고 여깁니다.

드웩 교수의 연구는 우리가 아이를 칭찬하는 방식이 아이의 마인드셋 형성에 결정적인 영향을 미친다는 충격적인 사실을 보여 주었습니다. 아이의 타고난 지능이나 재능('넌 정말 머리가 좋구나!', '역시 똑똑해!')을 칭찬하면, 아이는 '나는 똑똑해야만 사랑받는다'고 느끼게 되어 고정 마인드셋을 갖게 될 가능성이 높아집니다. 실패를 두려워하고 쉬운 과제에만 안주하려는 경향을 보이죠.

반면, 아이의 노력, 과정, 전략('정말 열심히 노력했구나!', '어려운 문제인데 포기하지 않고 끝까지 푸는 모습이 멋지다!', '새로운 방법으로 풀어보려고 시도한 점이 훌륭해!')을 구체적으로 칭찬하면, 아이는 '노력하면 성장할 수 있다'는 믿음, 즉 성장 마인드셋을 갖게 됩니다. 도전을 즐기고 실패를 통해 배우려는 태도를 보이죠.

'머리 좋다'는 칭찬은 아이에게 달콤한 독이 되어, 실패를 두려워하고 노력을 멈추게 만드는 고정 마인드셋 감옥에 아이를 가두어 버릴 수 있습니다. 우리가 아이에게 물려주어야 할 진짜 유산은 타고난 재능이 아니라, 성장 마인드셋입니다.

시험 파티의 비극

현실에서 고정 마인드셋과 성장 마인드셋은 아이들의 삶을 어떻게 갈라놓을까요? 그 차이를 극명하게 보여주는 '모의고사 파티' 이야기를 들려드리겠습니다. 대치동에서 경험했던 일입니다.

대치동의 일부 중학교에서는 정기고사를 본 날 저녁, 반 평균이 높은 반 아이들이 부모님들의 후원으로 피자 파티를 여는 문화가 있었습니다. 명목은 노력에 대한 보상이었지만, 그 이면에는 위험한 메시지가 숨어 있었죠. 파티에 참여하는 아이들은 우리는 잘하는 아이들이라는 우월감을 느끼고, 참여하지 못하는 아이들은 우리는 못하는 아이들이라는 열등감과 소외감을 느낍니다. 시험 결과라는 단 한 번의 사건이 아이들을 승자와 패자 계급으로 나누고, 그 결과에 따라 파티 참석 자격을 가르는 보상과 처벌이 주어지는 것이죠. 이것이 바로 고정 마인드셋을 강화하는 전형적인 환경입니다. 결과만이 중요하고, 그 결과로 아이의 가치가 결정된다는 메시지를 아이들 머릿속에 깊이 새겨 넣습니다.

이런 환경에서 자란 아이들은 어떻게 될까요? 운 좋게 계속 승자의 자리를 지키는 아이들은 실패에 대한 극심한 불안감 속에서 살아갑니다. 언젠가 패자가 될지 모른다는 두려움 때문에 더 어려운 도전을 회피하고, 결과가 확실한 안전한 길만 선택하려 하죠. 반면, 패자로 분류된 아이들은 '나는 원래 안 되는 아이'라는 자기

비하에 빠져 노력을 포기하거나, 아예 경쟁 자체를 외면해 버립니다. 결국 피자 파티는 단기적으로는 아이들의 경쟁심을 자극하는 것처럼 보일지 몰라도, 장기적으로는 아이들의 성장 마인드셋을 파괴하고 학습 동기를 꺾어버리는 독이 든 성배였던 셈입니다.

쓰레기통에 버려진 공부

2017년, 포항 지진으로 대학수학능력시험이 일주일 연기된 적이 있었습니다. 그날 뉴스에는 지진으로 피해를 입은 현장의 소식과 이미 내다 버린 교재를 다시 찾기 위해 쓰레기통을 뒤지느라 난리가 난 수험생들의 모습이 함께 담겼습니다. 전혀 달리 보이지만 내막을 들여다보면 비슷한 장면, 애써 공부한 것이 쓰레기처럼 버려지는 현실을 저는 오래전부터 알고 있었습니다.

"소장님, 우리 애는 시험만 끝나면 공부한 걸 다 잊어버려요. 그렇게 열심히 했는데… 정말 허무해요." 하고 말씀하시던 한 어머님의 이야기가 떠올랐습니다. 시험이라는 목표가 사라지는 순간 아이 머릿속 지식도 함께 증발해 버리는 듯한 느낌, 왜 이런 일이 벌어질까요?

그 이유는 우리 뇌가 정보를 기억하고 처리하는 방식에 있습니다. 뇌는 모든 정보를 똑같이 중요하게 여기지 않습니다. 마치 컴퓨터의 '휴지통 비우기' 기능처럼 뇌는 끊임없이 들어오는 정보의 재활용 가치를 판단합니다. 재활용 가치가 낮다고 판단되는 정보는 과감하게 삭제해 버리죠. 그래야 새로운 정보를 받아들일 공간을 확보할 수 있으니까요. 공부를 뇌의 '재활용 가치'의 관점에서 문제는 없는지 살펴보겠습니다.

재활용 가치 '0' 공부

오직 시험 점수만을 위해, 또는 부모의 잔소리를 피하기 위해 억지로 공부할 때, 아이의 뇌는 그 지식을 시험이 끝나면 더 이상 쓸모없는 정보라고 판단합니다. 시험이 끝나는 순간, 뇌는 미련 없이 그 정보들을 휴지통으로 보내 버립니다. 우리가 밑 빠진 독에 물 붓기라고 느끼는 이유입니다.

재활용 가치 '100' 공부

아이가 스스로의 호기심 때문에, 무언가를 알아가는 즐거움 때문에, 혹은 꿈을 이루기 위해 공부할 때는 어떨까요? 아이의 뇌는 그 지식을 앞으로 계속 필요한 정보라고 판단합니다. 뇌는 그 정보를 장기기억 저장소로 옮겨 오랫동안 보관하고 필요할 때마다 꺼내 쓸 수 있도록 준비합니다.

이것이 바로 결과 중심주의 공부의 가장 큰 함정입니다. 당장의 시험 점수라는 결과에만 매달리는 공부는 뇌에 이 지식은 곧 버려질 쓰레기라는 신호를 보내는 것과 같습니다. 아무리 많은 시간과 돈을 쏟아부어도 결국 남는 것 없는 허무한 공부죠.

우리가 아이에게 가르쳐야 할 것은 시험 점수를 잘 받는 기술만이 아닙니다. 배움 그 자체의 즐거움을 느끼고 그 지식이 자신의 삶과 어떻게 연결될 수 있는지 발견하도록 돕는 것, 공부의 재활용 가치를 스스로 찾도록 안내하는 것입니다. 아이가 역사 속 인물의 이야기에 푹 빠져 밤새 책을 읽을 때, 과학 실험 결과에 눈을 반짝일 때, 서툰 영어로 외국인 친구와 대화하며 뿌듯해할 때, 바로 그 때 아이의 뇌는 '이 지식은 정말 쓸모 있구나!'라고 외치며 그 경험을 깊이 새겨 넣습니다.

과속 경쟁이라는 함정, 대치동의 그림자

대치동 학원가에서 가장 마음 아팠던 풍경 중 하나는 아이들이 자신의 속도와 상관없이 '더 빨리, 더 많이'를 외치는 어른들의 욕망에 떠밀려 속도 경쟁에 내몰리는 모습이었습니다. 초등학생이 중학 수학을, 중학생이 고등 수학을 미리 배우는 선행학습 경쟁은 마치 고속도로의 과속 질주와 같습니다. 당장은 남들보다 앞서나가는 것처럼 보일지 몰라도 그 끝에는 예기치 못한 사고의 위험이 도사리고 있죠.

아이들은 아직 소화할 준비가 되지 않은 어려운 내용을 억지로 밀어 넣으며 '수학은 원래 어렵고 재미없는 것'이라는 생각만 굳히게 됩니다. 개념 이해 없이 문제 풀이 기술만 익히는 공부는 기초 부실이라는 시한폭탄을 안고 가는 것과 같습니다. 결국 학년이 올라갈수록 밑천이 드러나고, '수포자'라는 낙인과 함께 경쟁에서 낙오하게 되죠.

더 큰 문제는 이 과속 경쟁이 아이들의 성장 마인드셋을 심각하게 훼손한다는 점입니다. 빨리 배우는 아이는 '나는 똑똑하다'는 착각에 빠져 노력을 게을리하기 쉽고, 더딘 아이는 '나는 원래 수학 머리가 없다'는 좌절감 속에서 아예 포기를 선언해 버립니다. 과정의 즐거움과 의미를 발견할 틈도 없이 결과와 속도에만 내몰리는 환경 속에서, 아이들은 배움의 본질을 잃고 경쟁에서 살아남기 위한 공부라는 왜곡된 목적의식만 갖게 됩니다. 지금 당장 눈앞의 진도보다 더 중요한 것은, 아이가 자신의 속도에 맞춰 차근차근 성공 경험을 쌓아가며 '나도 하면 되는구나'라는 자신감, 즉 '성장 마인드셋'을 키워나가는 것입니다.

다른 아이와의 비교를 멈추고, 오직 어제의 내 아이와만 비교하며 작은 성장이라도 구체적으로 칭찬해 주십시오. 아이가 어려운 문제를 만났을 때 "넌 할 수 있어!"라는 막연한 격려보다, "어디서부터 막히는지 같이 볼까? 혹시 지난번에 배운 이 개념을 다시 보면 도움이 될까?" 하고 과정을 함께 짚어주는 것이 아이의 성장 마인드셋을 키우는 진짜 지지입니다. 아이의 속도를 존중하고 과정을 응원하는 부모만이, 아이를 과속 경쟁의 함정에서 구해내고 진정한 배움의 길로 이끌 수 있습니다.

아이를 아프게 하는 독성 기대

"기대 수준을 낮추라는 말씀이신가요? 하지만 기대가 없으면 아이가 더 나태해지지 않을까요?" 과정 중심주의를 이야기할 때 많은 부모님이 이런 질문을 하십니다. 맞습니다. 아이에 대한 기대는 성장의 중요한 동력이 될 수 있습니다. 문제는 기대의 수준이 아니라 기대의 성격입니다. 저는 아이를 병들게 하는 '독성 기대'와 아이를 성장시키는 '건강한 기대'는 구분해야 한다고 자주 말합니다.

독성 기대

독성 기대는 아이의 현재 상태나 속도를 고려하지 않고, 부모의 욕심이나 외부 기준(평균 점수, 다른 아이의 성적 등)에 맞춰 일방적으로 설정됩니다. "너는 무조건 1등급을 받아야 해!", "이번 시험에서 평균 90점을 넘지 못하면 실망할 거야." 같은 식의 기대는 아이에게 '결과로 나를 증명해야 한다'는 엄청난 압박감을 줍니다. 아이는 실패에 대한 두려움 때문에 도전을 회피하거나, 기대에 미치지 못했을 때 '나는 역시 부족한 아이'라는 깊은 좌절감에 빠집니다.

건강한 기대

건강한 기대는 아이의 현재 수준에서 출발하여 아이와 함께 상의하며 설정하는 성장 지향적인 목표입니다. "지난번보다 딱 한 문제만 더 맞혀 보자!", "이번 단원에서는 네가 어려워했던 개념 하나만 확실히 이해하는 걸 목표로 해볼까?" 하는 기대는 결과 자체가 아니라 성장하는 과정에 초점을 맞춥니다. 아이는 부담감 대신 '해볼 만하다'는 도전 의식을 느끼고, 설령 목표에 도달하지 못하더라도 그 과정에서의 노력을 인정받으며 다시 시도할 용기를 얻습니다.

심리학에서는 스트레스에도 좋은 스트레스Eustress와 나쁜 스트레스Distress가 있다고 말합니다. 적절한 수준의 긴장감은 좋은 스트레스로서 우리를 성장시키지만, 과도한 압박감에서 오는 나쁜 스트레스는 우리를 병들게 하죠. 부모의 기대도 마찬가지입니다. 아이가 '해볼 만하다'고 느끼는 건강한 기대는 성장의 촉진제가 되지만 아이를 압도하는 독성 기대는 아이의 마음을 병들게 하는 독이 됩니다. "결과보다 과정이 중요하다"는 말, 이제 그 의미가 조금 더 분명해지셨기를 바랍니다.

과정 중심주의는 결코 결과를 무시하라는 뜻이 아닙니다. 오히려 아이가 지속 가능한 성장을 통해 더 나은 결과를 만들어가도록 돕는, 가장 현실적이고 과학적인 전략입니다. 아이의 성적표 앞에서 불안감이 밀려올 때, 잠시 멈춰 서서 스스로에게 물어보십시오. "나는 지금 아이의 점수에서 무엇을 보고 있는가?", "나는 지금 아이의 재능을 탓하고 있는가, 아니면 노력에 주목하고 있는가?", "나의 기대는 아이에게 약이 되고 있는가, 독이 되고 있는가?" 질문에 대한 답을 찾는 과정에서, 우리는 아이를 결과의 틀에서 해방시키고 성장의 길로 이끄는 지혜를 발견하게 될 것입니다.

마음 회복탄력성에 대한 오해

심리학에서 회복탄력성은 역경이나 실패 앞에서 좌절하지 않고 다시 일어서는 마음의 회복력을 뜻하죠. 그런데 우리는 종종 회복탄력성을 '어떤 어려움도 혼자 힘으로 극복하는 강인한 개인의 능력'으로 오해하곤 합니다. 마치 슈퍼맨처럼 말이죠. 이런 오해는 카우아이섬 연구에서 비롯된 측면이 있습니다.

하와이 카우아이섬에서 태어난 아이들 700여 명을 40년간 추적한 이 연구는, 불우한 환경(빈곤, 부모의 정신 질환 등)에서 자란 아이 중 3분의 1이 성공적인 성인으로 성장했다는 결과를 보여 주었습니다. 이들은 '회복탄력적인 아이들'로 불리기 시작했고, 사람들은 그들의 공통 요인을 찾기 위해 개인적인 특성(긍정적 기질, 문제 해결 능력 등)에 우선 주목했습니다.

하지만 진짜 공통 요인은 그 아이들 곁에 '적어도 한 명 이상의 안정적인 성인 지지자'(조부모, 교사, 이웃 등)가 있었다는 사실입니다.

회복탄력성은 아이 혼자 발휘하는 개인의 초능력이 아니라, 힘들 때 기댈 수 있는 관계의 힘 속에서 길러진다는 것을 이 연구 결과에서 발견할 수 있습니다.

연구 속 아이들은 사실상 가정이라는 울타리가 붕괴된 극심한 위기 상황에 놓인 상태였다는 점을 고려하면, 만약 가정에서 자신의 부모로부터 든든한 지지와 사랑을 충분히 받았다면 아이들의 회복탄력성은 더욱 강해졌을 게 분명합니다. 가정이 든든한 안전 기지가 될 때 아이의 강한 회복탄력성은 이렇게 길러집니다.

첫째, 실패할 자유를 허락합니다.

가정이 든든한 안전 기지가 되면, 아이는 성적이나 성과와 상관없이 자신의 존재가 사랑받고 있음을 확신하게 됩니다. 실패가 자신의 가치를 훼손하지 않음을 알기에, 실패했더라도 두려움 없이 새로운 도전에 나설 용기를 기르게 됩니다.

둘째, 감정 조절의 조력자가 되어줍니다.

안전 기지로서 부모는 아이가 힘들어할 때 "많이 속상하구나" 하며 아이의 감정을 있는 그대로 읽어주고 공감해 줍니다. 아이는 부모라는 거울을 통해 자신의 감정을 객관적으로 바라보고 조절하는 힘을 기르게 됩니다. 실패했을 때의 감정이 좌절로 이끄는 것이 아니라, 실패했지만 회복된 마음이 좌절을 예방합니다.

셋째, 실패를 '성장의 데이터'로 재해석하도록 돕습니다.

안전 기지 안에서 아이는 실패를 '나는 안돼'라는 판결문이 아니라, '무엇이 부족했을까?'를 알려주는 객관적인 데이터로 바라보는 법을 배울 수 있습니다. 실패 경험이 반복될수록 오히려 아이의 내면에는 '나는 어려움을 통해 더 성장할 수 있는 사람이다'라는 긍정적인 자기 서사가 단단하게 자리 잡게 되겠지요.

아이의 회복탄력성은 타고난 기질이나 의지력만으로 결정되지 않습니다. 가정이라는 안전 기지 안에서, 실패해도 괜찮은 자유, 자기감정이 수용되는 경험, 좌절을 통해 배울 수 있다는 믿음을 가질 때 잘 만들어지는 것입니다. 결국, 과정 중심주의는 아이가 실패라는 과정을 통과할 때, 부모가 어떤 역할을 해야 하는지에 대한 구체적인 지침입니다.

　이제 선택의 시간이 왔습니다. '아이의 성적표 앞에서, 아이의 실패 앞에서, 우리는 어떤 부모가 될 것인가?' '아이의 결과만 보고 다그치는 성적 관리자가 될 것인가, 아니면 아이의 노력을 인정하고 성장을 응원하는 마인드셋 지지자가 될 것인가?' 결과만을 중시하는 사회의 압박 속에서 과정 중심주의를 실천하기란 쉽지 않습니다. 하지만 이 길 끝에 아이의 진정한 성장과 행복이 기다리고 있음을 확신합니다.

양소영 변호사는 아이의 실패 경험 앞에서 어떻게 마인드셋 지지자의 역할을 해냈을까요? 몇 가지 장면과 양소영 변호사의 말을 옮겨 봅니다.

수학 성적 부진: "기초로 돌아가자."

→ 부정적인 판단 대신 후행학습이라는 즉각적인 전략을 결단합니다.

내신 성적 하락: "다시 오르면 성적은 승리의 V자 그래프를 그릴 거야."

→ 눈앞의 실패를 좌절이 아닌 '반등의 서사'로 재해석합니다.

특목고 입시 실패: "괜찮아, 다 과정이야."

→ 자신의 고시 실패담을 공유하며 실패가 '끝'이 아님을 증명합니다.

모의고사 등급이 떨어지고 좌절: "왜 성적이 떨어졌을까?"

→ 감정을 먼저 수용한 뒤, 비난 대신 '원인 분석'이라는 이성적 단계로 아이를 이끕니다.

이 장면들에는 공통점이 있습니다. 아이의 실패(결과) 앞에서 부모가 먼저 무너지거나 아이를 비난하지 않았다는 것입니다. 점수 하락이라는 현상에 감정적으로 반응하는 대신, 실패를 해결할 문제로 바라보는 일관된 태도를 보입니다. 왜 실패했는지, 어떻게 극복할지, 이 실패가 어떤 의미가 될지를 함께 고민하며 아이가 좌절감을 딛고 다시 일어설 수 있도록 정서적 안전 기지를 제공해 주었습니다.

양 변호사의 이런 태도는 단순히 따뜻한 위로를 넘어 아이들에게 성장 마인드셋을 심어주는 가장 강력한 교육이었습니다. 단순히 실패해도 괜찮다는 위로에서 그치는 것이 아니라, '실패했으니 이제 무엇을 해야 할까?'라는 다음 단계로 아이를 이끕니다. 실패해도 괜찮아. 중요한 건 다시 시도하는 거라는 메시지를 삶으로 보여준 것이죠.

부모가 결과에 대한 불안 대신 과정에 대한 전략을 함께 고민할 때, 아이는 비로소 실패를 두려워하지 않고 새로운 도전을 즐기는 사람으로 성장할 수 있습니다. 아이에게 필요한 것은 당장 만족스런 결과가 아니라, 어떤 결과 앞에서도 흔들리지 않고 다음 단계를 함께 모색해 주는 부모의 단단한 눈빛일 수 있습니다.

한눈에 비교하기

	결과 중심, 고정 마인드셋	과정 중심, 성장 마인드셋
믿음	지능/재능은 타고난다.	지능/재능은 노력으로 발전한다.
실패 의미	나의 한계 노출, 두려움	성장의 기회, 정보와 데이터
도전	능력 부족 드러날까 봐 회피	배울 기회로 환영
노력	재능 없음의 증거, 의미 없는 것	성장의 필수 요소
칭찬	결과와 재능 칭찬에 집착	과정과 노력 칭찬에 동기 부여
부모 역할	성적 관리자	협력자, 지지자

10분 미션 **우리 집 '실패 환영' 문화 만드는 실패 일기 쓰기**

과정 중심주의가 중요하다는 것을 머리로는 알지만 실천하기는 어려울 수 있습니다. 오늘 딱 10분 동안, 우리 집에 '실패 환영 문화'를 만드는 작은 실험을 시작해 볼까요? 아이의 실패를 기록하는 '실패 일기'는 좌절을 성장의 기록으로 바꾸는 마법이 될 수 있습니다.

1. 실패 상황 정의하기

오늘(또는 최근) 아이가 겪었던 작은 실패나 어려움(숙제 안 함, 준비물 빠뜨림, 친구와 다툼, 게임 레벨업 실패 등) 하나를 떠올립니다.

2. '실패 일기' 4가지 항목 기록하기

아이와 함께 이야기하며 기록해도 좋고, 부모님 혼자 아이 입장에서 기록해도 좋습니다.

· 1단계: 무슨 일이 있었나? (사실 기록하기)

[예시]

- 수학 문제 3개를 실수로 틀렸다.
- 줄넘기 연습을 하는데 계속 걸렸다.

· 2단계: 그때 기분이 어땠나? (감정 인식하기)

[예시]

- 속상하고 짜증 났다. 내가 바보 같았다.
- 답답하고 화났다. 친구들은 잘하는데 나만 못하는 것 같다.

· 3단계: 무엇을 배웠나? (교훈 찾기, 데이터 분석하기)

[예시]

- 문제를 끝까지 읽지 않고 덤벙댔다. 다음엔 검토를 꼭 해야겠다.
- 줄넘기 줄 길이가 나한테 안 맞는 것 같다. 힘을 너무 많이 줬다.

· 4단계: 다음엔 어떻게 다르게 해볼까? (개선 계획 세우기)

[예시]

- 문제를 풀고 나서 꼭 한 번 더 읽어보겠다.
- 줄 길이를 조절해 보고, 팔을 몸에 붙이고 돌려봐야겠다.

3. 성장 마인드셋 격려 메시지 적기

아이의 기록(또는 부모가 기록한 내용) 아래에, 결과가 아닌 노력, 배움, 개선 의지를
인정하고 격려하는 메시지를 적어 줍니다. 실패를 '부끄러운 것'이 아니라 '배움의 기
회(데이터)'로 재정의하고 기록하는 경험 자체가 아이의 성장 마인드셋을 키워 줍니
다. 이 일기를 꾸준히 쓰면, 아이는 실패를 두려워하지 않고 도전을 즐기는 아이로 성
장할 것입니다.

____

____

____

[예시]

- 실수해서 속상했구나. 하지만 네가 왜 틀렸는지 스스로 알아내고(데이터 분석!)
  다음 계획까지 세우다니(개선 의지!) 정말 대단하다! 실수 덕분에 더 꼼꼼해지는
  법을 배웠네(배움). 엄마(아빠)는 네가 포기하지 않고 배우려는 모습(노력)이
  정말 자랑스러워.
- 계속 걸려서 정말 답답했겠다. 그래도 짜증 내지 않고 왜 안 되는지 생각하고
  (데이터 분석!) 다른 방법을 찾아보려는(개선 의지!) 모습이 정말 멋지다!
  결과는 아직 아쉽지만, 네가 포기하지 않고 계속 연습하는(노력) 과정 자체가
  훨씬 더 중요해. 실패는 성공으로 가는 길에 꼭 필요한 디딤돌이란다. 잘했어!

FAQ

Q. 아이가 실패 일기 쓰기를 귀찮아합니다. 어떻게 하죠?

A. 처음에는 부모님이 먼저 아이의 실패 상황에 대해 긍정적으로 기록하고 읽어주는 방식으로 시작해 보세요. 아이가 실패에 대한 부정적인 감정('또 혼날 거야') 대신 긍정적인 경험('실수해도 괜찮구나', '칭찬받았네?')을 하게 되면 자연스럽게 참여하게 됩니다. 중요한 것은 형식이 아니라 실패했을 때 오히려 기분 좋은 감정을 경험하게 하는 것입니다.

Q. 아무리 과정을 칭찬해도 아이가 결과에만 집착합니다.

A. 아이가 오랫동안 결과 중심 환경에 노출되었다면 변화에 시간이 걸립니다. 꾸준히 과정 칭찬을 해주면서, 부모님 스스로 결과에 일희일비하지 않는 모습을 보여주는 것이 중요합니다. 아이는 부모의 말보다 행동을 통해 배웁니다. 또한 아이가 결과에 집착하는 이유(인정받고 싶은 욕구 등)에 먼저 공감해주고, 그 욕구를 다른 방식(아이의 노력 자체를 구체적으로 칭찬하기 등)으로 채워주는 노력이 필요합니다.

Q. 아이가 멍하니 있는 시간이 너무 많아 불안합니다. 정말 괜찮을까요?

A. 네, 괜찮습니다! 멍하니 있는 시간은 결코 낭비가 아닙니다. 뇌과학 연구는 '멍때리기'가 뇌의 기본 설정 모드(Default Mode Network, DMN)를 활성화시켜 창의력, 문제 해결 능력, 자기 성찰 능력을 높이는 중요한 활동임을 밝혀냈습니다. 아이의 뇌가 정보를 정리하고 재충전하는 필수적인 시간입니다. 물론 과도하게 멍한 상태가 지속되고 다른 어려움(무기력, 우울감 등)이 동반된다면 전문가 상담이 필요할 수 있지만, 대부분의 경우 아이에게는 충분한 '멍때릴 시간'이 필요합니다. 아이를 다그치기보다, 아이의 뇌가 스스로 재정비할 시간을 존중해주세요. (자세한 내용은 9장에서 다룹니다.)

네 번째 기둥, 학습 습관
공부 그릇을 키우고 넓히는 법

이제 마지막 기둥, '학습 습관'을 세워 흔들림 없이 성장하는 협력의 집 구조를 완성할 차례입니다. 앞선 세 기둥이 마음과 태도라는 내적 토대였다면, 네 번째 기둥은 그 위에 실제 학습 능력을 쌓아 올리는 구체적인 기술과 습관에 관한 이야기입니다. 아이의 공부 문제 이면에는 우리가 몰랐던 뇌과학적 원리와 잘못된 학습 방법이 숨어 있는 경우가 많습니다. 이 장에서는 아이 스스로 공부하는 힘, 즉 '공부 그릇'을 키우고 넓힐 수 있는 과학적인 방법들을 탐구할 것입니다.

학습 과학, 우리 아이 뇌 사용설명서

학습 과학은 인지과학, 뇌과학, 교육심리학 등을 융합하여 '인간은 어떻게 배우는가'를 탐구하는 학문입니다. 과학적 연구로 검증된 원리를 바탕으로 가장 효과적인 학습 환경과 방법을 설계하는 것이 목표죠. 학습 과학의 출발점은 공부에 대한 미신과 결별하고 과학을 만나는 것입니다.

과거 우리는 아이가 공부를 못하면 의지가 약해서 혹은 머리가 나빠서라고 쉽게 단정했습니다. 이런 근거 없는 미신 대신, 과학은 환경적, 심리적, 뇌과학적 요인을 규명하고 개선할 방법을 찾습니다. 특히 학습 과학은 뇌 가소성Neuroplasticity이라는 놀라운 전제 위에 서 있습니다. 우리 뇌는 경험과 학습을 통해 평생 변화하고 성장합니다. 즉, 지금 공부에 어려움을 겪는 아이라도 뇌 원리에 맞는 자극과 환경을 제공하면 얼마든지 잠재력을 폭발시킬 수 있습니다. 더 이상 '우리 애는 안 돼'라는 미신에 아이를 가두지 마십시오. 학습 과학은 모든 아이에게 무한한 가능성이 있다고 말합니다.

내비게이션과 엔진, 뇌의 예측 회로와 실행 회로

뇌 과학에서는 인간의 모든 행동이 '예측 회로'와 '실행 회로'라는 두 가지 뇌 회로의 협업으로 이루어진다고 합니다. 이름 그대로, 예측 회로는 어떤 행동을 하기 전에 '이걸 하면 어떤 결과가 나올까? 해볼 만한 가치가 있나?' 하고 계산해 보는 뇌 기능이고, 실행 회로는 행동을 실제로 행동을 일으키고 지속하는 뇌 기능입니다.

　그런데 우리는 두 회로 중 실행 회로에만 집중하는 경향이 있습니다. 아이가 공부를 얼마나 제대로 하는지 확인할 때, 책상에 얼마나 오래 앉아 있었는지처럼 눈에 보이는 행동에만 주목해 판단하는 것이죠. 실행회로는 자동차로 따지면 엔진과 같아서, 적극성이나 성실성으로 드러나기도 합니다. 하지만 자동차가 움직이지 않는다고 엔진만 탓하는 건 현명하지 않습니다. 엔진을 움직이게 만드는 시스템, 즉 예측 회로의 문제일 수 있습니다.

　우리의 뇌는 과거의 경험을 바탕으로 미래를 예측하는 능동적인 내비게이션입니다. 잠재적 보상이나 성공 확률 등을 종합해 앞으로의 기대 가치를 계산하기도 합니다. 실행 회로에 시동을 거는 열쇠가 바로 이 기대 가치입니다. 만약 뇌가 공부의 기대 가치를 높게 평가하면, 도파민이 활성화되어 열정이라는 연료를 실행 회로에 공급합니다. 반대로, 과거 경험에 의해 공부는 곧 고통이고 실패라는 공식이 새겨 있다면, 예측 회로는 '해봐야 소용없어' 식의 부정적 신호를 보내고 실행 회로 엔진을 꺼 버립니다. 아이가 책상에 앉아도 멍하거나 쉽게 포기하는 이유, 엔진(실행 회로)에 연료(열정) 공급이 안 되기 때문입니다.

세 기둥으로 공부 엔진 살리는 법

앞에서 언급한 내용을 다시 한번 확인하겠습니다. 아이가 부모의 비난, 비교 등으로 위협을 느끼면, 뇌의 위험 감지 센서(편도체)가 비상경보를 울립니다(편도체 하이재킹). 이성적 사고와 학습을 담당하는 전전두피질 기능이 마비되고, 뇌는 학습을 멈추고 생존 모드가 됩니다. 반면, 가정이 안전 기지가 되면, 아이 뇌는 성장 모드로 전환됩니다. 부모의 지지와 신뢰는 편도체 경보를 끄고 전전두피질을 활성화시켜, 아이가 호기심을 느끼고 도전할 여유를 되찾게 합니다. 정서적 안정이 모든 공부의 첫 기둥인 이유입니다.

자율성 존중은 뇌의 보상 회로를 직접 자극합니다. 아이가 스스로 선택하는 순간, 즐거움을 느끼게 하는 도파민이 분비됩니다. 이 긍정적 경험은 '더 해보고 싶다'는 신호를 보내 학습을 즐거운 활동으로 각인시킵니다. 반면, 부모 통제는 내적 보상을 느끼지 못하게 하고 동기를 고갈시킵니다.

과정 중심주의는 뇌의 자연스러운 학습 메커니즘을 활성화합니다. 뇌는 예측과 실제 결과의 차이, 즉 오류를 발견했을 때 강력한 신호를 울립니다. 이 실수 신호ERN가 강할수록 성적이 더 향상된다는 연구 결과처럼, 실패와 실수가 많을수록 뇌는 더 활발히 배웁니다. 아이가 실패를 두려워 않고 성장의 데이터로 받아들일 때 뇌의 오류 수정 시스템, 학습 회로가 최적으로 작동합니다.

이처럼 정서적 안정, 자율성, 과정 중심주의는 아이 뇌를 생존 모드에서 성장 모드로 전환하고, 내적 동기 스위치를 켜며, 뇌 학습 회로를 활성화하는 과학적인 조건들입니다. 이 세 기둥이 바로 네 번째 기둥인 공부의 엔진을 제대로 작동시키는 핵심 연료입니다.

공부 추억의 발견, 꺼진 엔진에 소리 지르기

대치동 한복판 카페, 맞은편 학부모 눈에는 절박함이 그늘져 있었습니다. 아이 공부 문제로 저를 찾아온 많은 부모님 중 한 분이었지만 그날 제안은 조금 특별했습니다.

"소장님, 제 아들, 공부만 제대로 하게 해주신다면… 지금 타고 다니시는 차, 바꿔 드리겠습니다. 원하시는 모델로요." 순간 멍해졌습니다. 최고급 외제 차를 걸 만큼, 아이의 '공부 안 함'이 그 가정의 가장 큰 고통이자 절망이었던 것입니다.

처음 대치동에 왔을 때 저는 자신만만했습니다. 스스로 터득한 학습법으로 제 성적을 기적적으로 올렸고, 많은 아이를 변화시킨 노하우도 있었습니다. 뇌가 어떻게 배우고 기억하는지, 학습 과학이라는 무기까지 장착했죠. 합격생 수기를 분석해 만든 최고의 학습법도 비기라고 믿었습니다. 그런데 대치동은 이상했습니다. 제 성공 공식이 잘 통하지 않았습니다. 분명한 사실은, 아이들이 공부를 '안' 하는 게 아니라 마음 깊은 곳에서는 '잘'하고 싶어 했다는 점입니다. 그 간절한 눈빛을 보았습니다. 무엇이 이 아이들의 발목을 잡고 있을까요?

그 뒤로는 방법을 바꿨습니다. 학습 컨설턴트 대신 아이 과거를 추적하는 '공부 탐정'이 되었습니다. 아이들의 기억 속으로 들어갔습니다. 아이의 공부 역사에는 만족감보다 거부감이 압도적으로 많았습니다. 공부하는 순간 느꼈던 감정을 합산하면 처참한 마이너스였죠. 받아쓰기 틀렸다고 혼난 기억, 수학 문제를 비웃던 친구 얼굴, 성적표 앞 부모님 한숨까지, 이 모든 '부정적 공부 기억'이 무의식 속에 쌓여 있었던 겁니다. 이런 뇌의 속사정을 모르는 부모는 아이 행동만 보고 엉뚱한 처방을 내립니다.

뇌가 높은 성과를 만드는 과정은 '긍정성(신뢰) → 적극성(열정) → 전략성(전략) → 성실성(실행)' 4단계 사이클을 따릅니다.* 뇌가 미래를 긍정적으로 예측할 때(긍정성), 행동 동기가 생기고(적극성), 효과적인 계획을 세워(전략성), 꾸준히 밀어붙일 수 있다(성실성)는 과학적 원리죠. 하지만 대부분 부모는 1단계 '긍정성'을 건너뛴 채 2, 3, 4단계 문제 해결에만 주로 매달립니다. 이렇게는 왜 실패할 수밖에 없는지 하나씩 살펴보겠습니다.

적극성 부족 문제

부모는 겁주고 보상하며 동기를 주입하려 합니다. 하지만 적극성은 뇌의 도파민 시스템이 보상을 기대할 때 분비되는 연료입니다.

---

* 4단계 사이클은 마이다스아이티 이형우 회장의 경영론 '자연주의 인본경영', 사람경영론 중 성과를 만들기 위한 네 가지 핵심 역량 '긍정성, 적극성, 전략성, 성실성'을 참고했다.

아이 뇌가 1단계에서 '해 봤자 나쁠 거야'라고 예측하면 도파민 시스템은 작동하지 않습니다. 연료 공급이 차단된 상태에서 "열심히 좀 해라!" 외치는 건 꺼진 엔진에 소리 지르는 것과 같습니다.

전략적 사고 부족 문제

부모는 최고의 전략을 돈으로 사서 주입하려 합니다(족집게 강사, 고액 과외 등). 하지만 전략적 사고는 뇌의 전전두피질이 담당하는 고차원 기능입니다. 전전두피질은 위협을 느끼면 기능이 떨어집니다. 아이 뇌가 '공부=어려움, 실패'라고 부정적으로 예측하면 뇌는 학습 기능이 정지된 생존 모드가 됩니다. 이런 상태에서는 일타 강사 강의도 소용없습니다.

성실성 부족 문제

부모는 아이가 의지박약이라며 스케줄 관리, 스마트폰 압수, 기숙학원 보내기 등으로 정신 개조를 시도합니다. 하지만 강압은 아이 뇌에 공부는 형벌이라는 부정적 예측만 새겨 넣습니다. 성실성은 성과 사이클의 마지막 단계에 자연스럽게 따라오는 결과이지, 쥐어짜낼 수 있는 게 아닙니다.

감정을 바꿔야 공부 그릇이 커진다

단언컨대, 공부머리는 없습니다. 아이의 잠재력을 담아내는 '공부 그릇'이 있을 뿐입니다. 공부 그릇은 아이 뇌 학습을 총괄하는 실행 기능Executive Functions에 달려 있습니다. 실행 기능은 우리가 어떤 일을 잘하고 싶다는 마음으로 열심히 할 때 자연스럽게 발달합니다. 잘 해내고 싶다는 마음이 불러온 즐거운 몰입이 전전두피질의 기능을 최대치로 활성화시키기 때문입니다.

아이가 하기 싫어 죽겠다고 느끼는 공부를 억지로 시키면 어떻게 될까요? 아이 뇌는 저항과 스트레스 반응으로 가득 차고, 실행 기능은 발달할 리 없습니다. '공부'라는 단어만 들어도 부정적인 회로가 작동할 것입니다.

따라서 아이의 공부 그릇을 키우는 첫걸음은 행동 강제가 아니라, 감정을 바꾸는 것입니다. 하기 싫은 공부를 '덜 하기 싫은 공부'로, 더 나아가 '해볼 만한 공부'로 바꾸는 데 성공하는 순간, 아이 뇌는 비로소 실행 기능을 발휘하고 더욱 발달시킬 준비를 시작합니다.

그런 의미에서 양소영 변호사가 워킹맘으로서 세운 철칙, '엄마가 퇴근하기 전까지 자기 할 일을 알아서 하기'는 아이들의 실행 기능이 자연스럽게 성장할 최적의 환경 설계였습니다. 명확하고 달성 가능한 과제(알림장 확인, 준비물, 숙제)를 주어 아이들에게도 공부를 해볼 만한 도전으로 만들었고, 시간 제한 안에서 스스로 결정하게 하여 '내가 해내는 일'로 바꾸었죠. 결국 아이들은 시간을 계획하고, 충동을 조절하며, 스스로 책임지는 공부 그릇이 저절로 단단해졌을 겁니다.

양 변호사 가정의 '숙제는 기본' 원칙은 아이들이 공부에 대한 부정적 감정이 쌓이기 전인 초등 저학년 시기에 자리 잡았다고 합니다. 이는 공부를 할까 말까 고민하는 에너지를 줄여주고(습관의 힘), 하면 된다는 긍정적 감정(학습 효능감)을 심어준 초기 집중 투자였습니다. 행동과 정서의 두 바퀴가 균형을 이루니 공부라는 수레가 큰 저항 없이 굴러갈 수 있었습니다.

내가 만들고 싶은 공부 드라마

"아이가 '공부'라는 말만 꺼내도 방문을 꽝 닫고 들어가요." 아이와 전쟁을 치르고 있는 부모님 목소리엔 자책감이 배어 있습니다. 하지만 진짜 전쟁은 겉으로 드러난 갈등이 아닌 아이의 뇌에서 벌어지는 보이지 않는 전쟁입니다. 직접 들은 많은 아이들의 이야기를 모아 민준이라는 한 아이의 드라마로 재구성해 보았습니다.

S#1. 거실에서, 끝나지 않는 전쟁

중2 민준 엄마는 속이 탄다. 학원 갈 시간이 지났는데 아이는 스마트폰만 본다. 적극성 부족이라 생각한 엄마는 관리가 철저한 학원, 고액 과외를 붙였지만 성적은 바닥. 마지막 카드는 기숙학원이다. 성실성이라도 만들려는 심산.

엄마 민준이 너, 학원 안 가? 시간 몇 신데! 시키는 대로 학원만 다니면 되는데, 그것도 안 해? 너 언제까지 그럴 건데? (한숨을 깊이 내쉰다.) 여보, 민준이 기숙학원이라도 보내요. 저렇게 의지박약해서… 애 인생 망치겠어요.

민준의 부모는 할 만큼 했다고 생각하지만, 모든 시도는 엉뚱했다. 아이 뇌의 닫힌 문을 열지 못했기 때문이다.

S#2. 과거의 기억, '공부=고통' 공식이 새겨지다

민준이 뇌는 왜 공부에 신뢰(긍정성)를 주지 못할까? 답은 부정적 공부 추억에 있다.

기억 #1. 초3 민준, 민준이 분수 개념을 어려워하자 아빠가 소리친다.

아빠 이것도 이해 못 해!!!

민준의 뇌에 '공부=나는 바보다+아빠는 무섭다' 공식이 새겨진다. 공부 기대 가치에 '혼남(-)'이 입력된다.

기억 #2. 초6 민준, 대치동 학원에서

선행학습을 끝낸 아이들 사이, 민준이에게는 외계어 같은 수업이 계속되고 있다. 민준이를 향한 선생님의 실망하는 눈빛, 친구들의 무시를 느끼는 민준. '공부=나는 부족하다+감당 못할 경쟁' 공식이 완성된다. 공부는 '소외감(-)'으로 입력된다.

기억 #3. 중2 민준, 성적표 받은 날 집에서

엄마　(깊은 한숨을 쉬며) 엄마는 너 때문에 얼마나 힘든데…

무언의 압박이 민준에게 '공부=엄마의 실망+나의 죄책감' 공식으로 박힌다. 공부는 '실망시키는 고통(-)'과 동일시 된다. 이렇게 쌓인 공부 추억은 책상 앞에 앉을 때마다 경고를 보낸다. '하면 또 혼나고 좌절하고 실망시킬 거야. 피해!' 스마트폰 도피는 의지박약이 아니라 고통을 피하려는 뇌의 정상적인 생존 본능이다.

S#3. 해결의 첫걸음, 예측을 바꾸는 질문

해결책은 밀어붙이는 게 아니다. 부정적 예측 원인을 찾아 해결해야 한다. 부모는 감독이 아니라 탐문하는 형사가 되어 아이 마음과 뇌에 질문하고 관찰해야 한다.

엄마　민준아, '공부하자'는 말 들으면 어떤 느낌이 들어?

　　　　수학 문제집 펴는 게 왜 그렇게 싫어?

먼저 부정적 예측을 더는 강화하지 말 것. 그리고 아주 작더라도 긍정적 예측 경험을 만들어주는 것. 실패를 끝이 아닌 기회로 재해석하도록 돕고, 수학이 어렵다는 아이에게 후행 학습으로 작은 성공 경험을 선물하는 것. 이것이 '공부=좌절' 공식을 깨는 첫걸음이다. 최소한 공부가 끔찍한 고통으로 예측되지 않도록, 하기 싫은 마음이 들지 않도록 만드는 것. 필수 해법이다.

S#4. 거실, 새로운 시작

그날 밤, 엄마는 민준이 옆에 조용히 앉는다. 잔소리 대신 다른 질문을 건네는 엄마.

엄마　민준아, 엄마가 미안해. 그동안 너한테 공부는 그냥 괴로운 일이었겠구나…

민준　(놀라서 눈이 커진다)

엄마　학원, 당분간 쉬어도 좋아. 대신 딱 하나만 같이 해 볼까? 네가 작년에 풀었던 제일 쉬웠던 단원, 딱 한 쪽만. 맞혀도 그만, 틀려도 그만. 그냥 엄마랑 같이.

민준은 마지못해 낡은 문제집을 꺼낸다. 엄마와 쉬운 연산 문제 몇 개를 풀었다. 잔소리도, 한숨도, 실망도 없었다. 엄마는 그냥 민준의 어깨를 다독여 주었다.

엄마　수고했어.

기적은 아니지만, 민준이 뇌에 작은 새 데이터가 입력된 순간이다. '공부≠언제나 끔찍한 것', 그리고 또 이렇게 공부해도 괜찮을 것 같은 기분이 드는 민준. 작은 예측 회로 변화가 싹텄다. 멈췄던 공부 사이클이 조금씩 움직이기 시작했다. 미약한 시작이지만 점점 창대해질 것이다. 마음이 거부하던 공부를 받아들이기 시작하면 들불처럼 타오르는 것은 시간 문제다.

민준이는 특별한 아이가 아닙니다. 지금 이 순간에도 수많은 가정

의 거실에서, 굳게 닫힌 방문 뒤에서 소리 없는 비명을 지르고 있
는 대한민국 아이들의 흔한 자화상입니다. 안타깝게도 우리는 그
동안 부모의 불안과 욕심이 앞서 공부가 영원한 상처로 남고 만 민
준이들을 수도 없이 봐 왔습니다. 하지만 희망은 분명히 존재합니
다. 부모가 감독관의 호루라기를 내려놓고 아이의 마음에 공감하
며 아주 작은 성공을 함께 설계했을 때, '공부=고통'의 사슬을 끊
고 놀라운 반전을 보여준 다른 결말의 민준이 역시 수없이 많았
기 때문입니다.

아이의 뇌는 고정되어 있지 않습니다. 이제 아이의 뇌 속에 어떤
기억을 심어줄지 선택할 차례입니다. 당신의 아이도 이 드라마의
행복한 주인공이 될 수 있습니다.

공부의 맛, 짜릿함과 쓴맛의 갈림길

강남인강 대표강사 시절, 저는 우리나라에서 최초로 '체계적인 학
습법 온라인 강의'를 만들었습니다. 반응은 뜨거웠습니다. 강연회
는 열기로 가득 찼습니다. 그곳에서 아이들의 반짝이는 눈을 보며
저는 중요한 사실을 알게 됐습니다. '아이들은 모두 공부를 잘하고
싶어 하는구나!' 아이들에게는 공부를 잘해서 인정받고 싶은 마음
이 본능처럼 있습니다.

아이들의 간절함이 학습 과학과 만나자, 곧 성공 후기가 터져 나

왔습니다. 수능에서 국영수 만점을 받은 학생은 이렇게 말했습니다. "짜증 내면서 하던 수학 공부가 수수께끼 게임처럼, 늘 어려웠던 영어 공부가 새로운 도전처럼 다가왔습니다. 흥미가 붙으니 일사천리더군요…."

공부의 목적을 분명히 하라고 아이들에게 말했습니다. "공부에는 재미, 의미, 성취감 세 가지 맛이 있다. 공부 맛을 제대로 느끼는 게 목적이 되어야 한다. 목적 달성에 성공하면 목표 대학은 선물처럼 주어진다." 학습 과학의 핵심 원리인 감정 개입 효과를 잘 적용한 경우 변화는 대단했습니다.

그림자도 있었습니다. 간절히 도움을 청하는 메일에는 이렇게 적혀 있었습니다. "선생님, 저 정말 절박합니다. 버스 안에서도 단어장, 점심시간, 쉬는 시간까지 아껴 공부했는데… 왜 성적은 나아지지 않을까요? 바닥에서 한 뼘도 오르지 않아요. 결국 정신과 상담까지 받았습니다. 우울증 약, 집중력 약 먹으며 버티는데, 몸과 마음이 망가져 가요. 저 어떡해야 할까요?"

누군가는 공부의 짜릿한 맛을 느끼고 날아올랐고, 다른 누군가는 지독한 쓴맛에 짓눌려 무너졌습니다. 공부하는 순간 느끼는 감정의 차이 때문이었습니다. 성공한 아이는 재미, 의미, 성취감을 느끼기 시작했지만 실패한 아이는 절박함으로 억지로 책상에 앉았습니다. 한 아이는 만족감이라는 순풍을, 다른 아이는 거부감이라는 역풍을 맞으며 노를 젓고 있었던 셈입니다.

기회가 될 때마다, 특히 어린 자녀의 부모님께 간절히 호소합니다. 영어를 싫어하게 되면 어떡하지, 저 아이는 수포자의 길을 가고 있는데 어떻게 도와줄 수 있지 아이들 공부하는 모습을 볼 때마다 한 걱정하는 제 심정 이해 되시나요? 부모님들, 수학 공부 못 한다고 야단치면 안 됩니다. 그러다 수학을 싫어하게 되면 끝장입니다. 더 싫어지지 않도록 무조건 재미있는 수학 경험을 하도록 하세요. 그래야 다른 문제는 나중에 다 쉽게 해결됩니다.

뇌의 보약, 잠, 운동, 독서의 놀라운 비밀

공부 그릇을 단단하게 만드는 데 비싼 학원이나 특별한 비법은 필요 없습니다. 뇌 활동의 필수 요소인 잠, 운동, 독서만으로도 공부 그릇의 70%는 완성됩니다.

잠, 뇌의 기억 공장

새벽 2시까지 공부해도 성적이 오르지 않던 학생. 취침 시간을 밤 11시로 앞당겨 7시간 수면을 확보하자 한 달 만에 성적이 향상되었습니다. 잠자는 동안 뇌가 낮에 학습한 내용을 정리·저장하는 기억 응고화 작업을 했기 때문입니다. 양소영 변호사도 적용한 '일찍 잠자기' 원칙은 뇌의 장기기억 만들기 작업을 순조롭게 한 과학적 방법입니다. 잠 부족은 학습 효율을 최대 40%까지 떨어뜨린다는 연구 결과도 있습니다. 아직도 '4당5락'을 믿는 분, 안 계시죠? 잠은 사치가 아니라 학습 전략입니다.

운동, 뇌를 깨우는 기적의 비료

책상 앞에만 앉으면 항상 졸던 아이. 매일 30분 달리기를 시작하고 나서 "머리가 맑아지고 공부가 쉬워졌다"고 말합니다. 운동은 뇌에 직접적인 영향을 미칩니다. '뇌의 비료'라고 불리는 뇌신경성장인자BDNF 분비를 촉진해 기억력과 학습 능력을 향상시키고, 학습 최적화 호르몬 분비를 촉진합니다. 양 변호사가 고3 아들에게 권한 달리기도 스트레스 조절은 물론 뇌 학습 능력 향상 효과까지 있었을 것입니다. 운동할 시간이 없다는 건 어리석은 말입니다.

독서, 모든 공부의 기초 체력

초등 시절 독서량이 많았던 아이가 중·고등학교 공부에서 어려움을 겪는 경우는 드뭅니다. 모든 공부는 읽기에서 시작하기 때문입니다. 공부의 체력은 읽기입니다. 독서는 뇌의 언어 네트워크를 강화하고 고차원 인지 능력의 토대를 쌓습니다. 또한 자기주도성의 씨앗이 됩니다. 양 변호사는 아이들에게 책 읽기를 놀이처럼, 서점을 나들이 장소처럼 만들어주었습니다. 독서 추억을 쌓은 아이는 공부 거부감이 적고, 모르는 내용을 책으로 해결하며 자기주도성을 기릅니다. 독서는 장기적으로 가장 수익률 높은 투자입니다.

가장 확실하고 강력한 공부 비법은 이처럼 아이의 평범한 일상 속에 숨어 있습니다. 더 많은 지식을 더하기 전에, 아이 뇌가 배움을 온전히 자기 것으로 만들 단단한 그릇을 먼저 만들어 주는 것이 현명한 투자입니다. 오늘 저녁, 새 문제집보다 충분한 잠을 먼저 챙겨주는 것부터 시작해 볼까요?

집어넣는 공부는 그만! 꺼내는 공부의 효과

AI를 이용해 숙제를 빨리 끝내는 것은 실력이 아니라, 그럴듯해 보이는 가짜 숙련일 뿐입니다. 답을 바로 확인하고 넘어가는 방식은 아이를 똑똑하게 만드는 것처럼 보이지만, 실제로는 생각해야 할 시간을 건너뛰게 만듭니다. 진짜 공부는 정답을 빨리 아는 데서 완성되지 않습니다. 스스로 막히고, 헤매고, 다시 생각해 보는 불편한 시간을 견디는 과정에서만 인간 고유의 사고력은 자랍니다.

그래서 책상에 오래 앉아 있는데 성적은 제자리인 아이, 밑줄은 빼곡한데 시험만 보면 머리가 하얘지는 아이. 문제는 공부 시간이 아니라 공부 방식이 뇌 원리와 정반대인 경우가 많다는 데 있습니다. 흔한 공부법인 밑줄 긋기, 반복 읽기는 뇌를 속이는 유창성 착각이라는 함정에 빠뜨립니다. 단순히 익숙해진 내용을 완벽히 안다고 착각하는 현상이죠. 익숙함과 앎은 다릅니다.

눈과 입으로만 반복하며 집어넣는 가짜 공부는 뇌에 얕은 흔적만 남길 뿐, 깊은 이해와 단단한 기억을 만들지 못합니다. 그렇다면 뇌가 절대 잊지 못할 진짜 공부는 어떻게 할까요? 답은 간단합니다. 뇌에 정보를 집어넣는Input 행위를 줄이고, 뇌에서 정보를 꺼내는Output 연습을 늘리는 것. 학습 과학에서는 '인출 연습'이라고 부릅니다. 기억은 근육과 같습니다. 눈으로 보기만 해서는 근육이 생기지 않듯, 기억 역시 애써 꺼내 보는 노력을 할 때 강해지고 오래 지속됩니다. 정보 인출을 위해 애쓰는 과정은 바람직한 어려움이라고 합니다. 조금 힘들게 공부해야 뇌 신경망이 더 튼튼하게 연결되기 때문입니다. 진짜 공부를 위한, 꺼내는 공부법 3가지를 소개합니다.

방법 1. 백지 테스트

공부한 내용을 책을 덮고 백지에 기억나는 대로 써 봅니다. 무엇을 알고 모르는지 가장 정확히 알려 주는 메타인지 진단 도구입니다. 정확하게 기억하지 못하는 내용을 확인하고 해결하는 과정에서 집중력과 기억력이 따라옵니다.

방법 2. 최고의 선생님은 바로 나, '설명하기'

물리학자 리처드 파인만Richard Feynman은 "어린아이에게 설명할 수 없다면 제대로 이해한 게 아니다"라고 했습니다. 아이에게 "오늘 배운 것 중 제일 재미있는 거, 엄마한테 1분만 설명해 줄래?" 하고 말해보세요. 설명하기 위해 머릿속 지식을 정리하고 재구성하게 됩니다. 설명이 막히는 부분을 확인하는 것도 중요합니다.

방법 3. 놀이처럼 부담 없는 퀴즈

식탁에서, 차 안에서, 잠들기 전 5분 동안 놀이처럼 퀴즈를 즐겨 보세요. "어제 배운 역사 인물 3명 이름 대기!", "오늘 외운 영어 단어로 문장 만들기!" 간단한 퀴즈지만 뇌를 계속 자극해 기억력 강화제 역할을 합니다. 마음껏 틀려도 괜찮은 분위기가 필요합니다. 이제 아이 책상 위에 형광펜 대신 빈 종이와 펜을 올려 주세요. 시간이 아니라 방식을 바꿀 때 성적도 올라갑니다.

학습 효율을 높이는 7가지 비밀

영국의 학습 과학 단체가 제안한 교실에서 효과가 검증된 교수/학습법 7가지*를 가정에서 활용하도록 재구성했습니다. 원리와 함께 우리 집에 적용하는 방법을 각각 알아보겠습니다.

1. 간격 학습(Spaced Learning) : 벼락치기보다 강력한 기억 기술

공부를 한 번에 몰아서 하는 것보다 시간 간격을 두고 여러 번 나

---

* 영국의 교육기금재단EEF(Education Endowment Foundation)에서 발표한 『교실에서의 인지 과학적 접근: 증거 검토(Cognitive Science Approaches in the Classroom: A Review of the Evidence)』을 참고.

뉘 하는 것이 장기기억에 훨씬 효과적입니다. 잊어버릴 만할 때 다시 꺼내보면, 뇌는 그 정보를 중요한 생존 신호로 인식하고 장기기억으로 저장합니다.

아이의 시험공부를 '벼락치기'에서 '나눠치기'로 바꾸도록 도와주세요. 오늘 3시간 수학 공부보다, "오늘은 1시간만 하고, 이틀 뒤 1시간, 주말에 1시간 더 해 보자"고 제안하는 것입니다.

2. 교차 학습(Interleaving): 뇌를 똑똑하게 헷갈리게 하기

한 가지 주제나 유형을 파고드는 것보다, 여러 주제나 유형을 섞어 공부하는 것이 응용력과 문제 해결 능력을 키우는 데 더 효과적입니다. 뇌가 여러 유형을 넘나들며 어떤 개념을 적용해야 할지 끊임없이 판단해야 하기 때문입니다.

아이의 문제 풀이 방식을 여러 파트 골고루 섞어 풀도록 바꿔 주세요. 예를 들어 영어 공부할 때 문법 1시간, 단어 1시간 대신, "오늘은 문법 문제 3개, 단어 10개, 독해 지문 1개, 이렇게 번갈아 해 볼까?" 하고 제안하는 것입니다.

3. 인출 연습(Retrieval Practice): 최고의 복습은 시험

눈으로 보고 귀로 듣는 입력 공부가 아니라, 보지 않고 기억해 내는 인출 과정이 있어야 비로소 장기기억으로 넘어갑니다.

아이가 책을 덮고 스스로 아는 것을 확인하도록 도와주세요. 빈

종이에 배운 내용을 적어 보는 백지 테스트나 오늘 배운 내용을 엄마에게 선생님처럼 가르쳐주는 설명하기를 권해 보세요. 저녁 식사 자리에서 가벼운 퀴즈를 내 즐겁게 복습하는 것도 훌륭한 인출 연습입니다.

4. 인지 부하 관리(Managing Cognitive Load): 뇌의 과부하를 막아라

우리의 뇌에서 실제 공부하는 순간에 움직이는 작업 기억 용량에는 한계가 있습니다. 너무 많은 정보나 어려운 과제가 한꺼번에 주어지면 뇌가 과부하 상태에 빠져 학습 효율이 급격히 떨어집니다.

아이가 어려운 문제 앞에서 멍하니 앉아 있어도 다그치지 마세요. 아이의 뇌는 지금 과부하 상태입니다. "괜찮아. 이 문제에서 우리가 제일 먼저 생각해야 할 것, 딱 한 가지만 찾아볼까?" 말하며 문제의 무게를 덜어주세요. 한 번에 한 단계씩, 부담을 줄여줄 때 아이의 뇌는 순조롭게 움직입니다.

5. 사전지식 활용 학습(Working with Schemas): 아는 것에 연결하라

뇌는 이미 아는 익숙한 정보(사전지식, 스키마)에 새로운 정보를 연결할 때, 훨씬 더 쉽고 깊게 받아들입니다.

아이의 관심사를 새로운 공부의 징검다리로 만들어주세요. 아이가 우주에 대해 배운다면, '네가 좋아하는 게임 속 우주선은 어떤 원리로 날아갈까?' 같은 질문을 던져보는 것입니다.

6. 이중 부호화(Dual Coding): 글과 그림으로 두 번 저장하라

뇌는 글자(언어 정보)와 이미지(시각 정보)를 각기 다른 경로로 저장하기 때문에, 두 가지를 함께 활용하면 기억이 훨씬 더 오래, 그리고 선명하게 남습니다.

아이의 노트를 글자 감옥이 아닌 아이디어 스케치북으로 바꿔 주세요. 영어 단어를 외울 때, 단어 뜻에 맞는 간단한 그림을 옆에 그려보게 하세요. 역사 연표를 만들 때 그림이나 기호를 함께 사용하게 하는 것도 좋습니다.

7. 신체 활용 학습(Embodied Learning): 몸으로 배우면 잊지 않는다

우리의 학습은 단순히 머리로만 이루어지는 것이 아닙니다. 몸의 감각과 움직임을 통해 배운 지식은 뇌에 훨씬 더 깊고 강력하게 각인됩니다.

공부는 책상 위에서만 하는 것이라는 편견을 버리세요. 거실을 무대 삼아 아이와 함께 움직여 보세요. 원의 둘레를 배운다면, 팔을 쭉 뻗어 반지름이 되어 한 바퀴 돌아 보는 것입니다. '증발'이라는 단어를 배울 때 물이 사라지는 것처럼 손을 위로 펼쳐 보이는 동작을 함께 해보세요. 몸으로 얻은 지식은 뇌가 절대 쉽게 잊지 못하는 강력한 경험이 됩니다.

공부 때문에 고생하는 아이들에게 학습법을 알려주기 위해 책도 여러 권 쓰고 정말 별짓을 다했지만, 근본적인 문제는 대부분의 아이들에게 공부가 이미 하기 싫은 일이 되었다는 사실입니다. '하기 싫다'와 '효과적'이라는 말은 함께할 수 없습니다. 덜 하기 싫은 공부, 덜 부담스러운 공부가 되도록 학습법을 활용해야 아이를 괴롭히지 않고 도울 수 있습니다.

늦은 때는 없다고 말하는 뇌과학

"초등 저학년 때 습관을 잡아줬어야 했는데… 이미 늦은 걸까요?" 결정적 시기를 놓쳤다는 생각에 조급해지고 무력감을 느끼는 부모님들, 이제 그 불안을 희망으로 바꿀 시간입니다. 10대는 인생에서 가장 극적인 업그레이드가 일어나는 두 번째 기회입니다. 아이 뇌에 맞는 새로운 게임의 법칙이 필요합니다.

청소년기는 뇌의 고성능 리모델링 기간입니다. 자주 사용하지 않는 신경 연결을 제거하는 가지치기Synaptic Pruning와 살아남은 신경 회로 속도를 높이는 수초화Myelination가 활발히 일어납니다. 즉, 뇌 구조를 학습에 최적화된 형태로 변화시키는 것이 얼마든지 가능합니다. 공부 습관에 중요한 전전두피질은 20대 중반에야 성숙합니다. 그러니 10대 시절이 바로 공부 습관을 새롭게 가다듬을 절호의 기회인 셈입니다.

이미 늦었다고 생각할 때, 하루 재설계 프로젝트

10대의 뇌가 가진 가능성은 부모 역할에 변화를 촉구합니다. 부모는 아이의 협력자로서 전략적인 코칭을 해 주어야 합니다. 잔소리 대신 아이 뇌를 움직이는 과학적 방법, '하루 재설계 프로젝트'를 소개합니다. 목표는 단 하나, 아이 입에서 "어? 이거… 해볼 만하네?" 하는 혼잣말이 터져 나오게 만드는 것입니다. 뇌의 부정적 예측 회로를 긍정으로 돌리는 스위치는 해냈다는 감각에서 켜지기 때문입니다. 프로젝트를 단계별로 소개합니다.

1단계, 딱 15분, '미리보기'로 뇌 깨우기

중심 무대는 학교 수업입니다. 이 무대를 중심으로 성공적인 선순환이 일어나도록 설계해야 합니다.

"내일 배울 수학 단원, 교과서 그림만 쓱 훑어볼까?" 하고 말을 건네보세요. 가벼울수록 좋습니다. 영화의 예고편처럼요. 뇌는 익숙한 것을 만났을 때 안정감을 느끼고 호기심을 발휘합니다. 다음 날 수업의 낯섦과 불안의 벽을 허무는 효과적인 무기입니다.

2단계, 조용히 박수 보내기

실제 수업에 들어간 아이가 어제 미리보기에서 본 예고편 장면을 마주합니다. 선생님 설명 중 어제 봤던 단어가 스칩니다. '저거 어제 봤던 건데…' 하는 생각만으로도 충분합니다. 수업 참여의 씨 앗이 뿌려진 것입니다. 아이 귀가 후, 역할이 중요합니다. '오늘 뭐 배웠니?' 하는 취조 대신 감정을 포착해야 합니다. "오늘 학교에서 제일 재밌었던 건?", "수업 시간에 '어, 저거 아는 건데' 했던 순간 있었어?" 결과가 아닌 긍정의 순간을 포착하고 함께 기뻐해 줄 때, 아이 뇌는 학교 수업을 긍정적 자극으로 재평가합니다.

3단계, 20분, 성공 확인으로 마무리

복습까지 이뤄지며 공부 사이클이 완성됩니다. 이미 두 번 마주한 내용이라 아이에게도 복습 부담이 적습니다. 오히려 '아, 이게 그 얘기였구나!' 하며 퍼즐 맞추는 재미를 느낄 수도 있습니다. 이때 부모의 역할이 중요합니다. 아이의 작은 성취 순간을 놓치지 않고 외쳐주는 것이죠. "와, 이걸 스스로 해냈네! 대단하다. 오늘 정말 보람 있었겠다!" 조금 귀찮았지만 하루를 보람 있게 산 것 같아 기분이 가벼워졌다는 느낌을 아이가 받는 것이 최종 목표입니다.

작전대로 했는데 아이가 공부가 더 부담스러워졌다고 느끼면 실패입니다. 아이의 느낌이 중심이 되어야 합니다. 부담을 느끼면 분량을 줄이고 방식을 바꿔야 합니다.

하루가 달라지면 일주일이 달라집니다. 작은 성공 경험은 예측 회로의 변화를 일으켜 시험 부담도 가볍게 합니다. 공부에서 도망치던 아이가 어떻게 더 잘해볼까 궁리하는 아이로 변하는 기적이

일어납니다. 비결은 단 하나, 아이 마음에 '아, 이거 해볼 만하구
나!' 하는 변화가 일어났다는 사실입니다.

과학적인 공부 습관 설계의 3가지 핵심

공부에 늦은 때란 없습니다. 하기 싫은 공부를 하면서 뇌에 낀, 묵
은 때가 문제일 뿐입니다. 고학년일수록 습관 잡기가 어려운 이유
는 부정적인 공부 기억의 강도가 워낙 강해 그 영향권에서 벗어나
기가 쉽지 않기 때문입니다. 늦었다는 불안감은 내려놓으세요. 진
짜 적은 지나간 시간이 아니라 부정적인 감정의 때입니다. 그 묵
은 때를 벗겨내는 것은 '해볼 만하다'는 작은 성공이 만든 새로운
물길입니다. 오늘의 작은 2분이 지나간 2년을 이깁니다. 과학을
믿고, 아이 뇌를 믿고, 지금 바로 공부 습관 설계를 시작하십시오.

1. 실패할 수 없을 만큼 작게 시작하기, 2분 규칙

아이가 '이건 너무 쉽잖아!'라고 말할 정도의 목표로 잘게 쪼갭니
다. 예를 들어 수학 문제집 10쪽 풀기에서 딱 1개 풀기로 바꾸는 식
으로요. 핵심은 '매일의 성취감'을 만드는 것입니다. 아주 작은 성
공이라도 매일 경험하면 뇌는 그 행동을 긍정적으로 인식하고 아
이는 다음에 또 할 수 있는 동력을 얻습니다. '2분만 하기'는 행동
문턱을 낮춰 저항감을 없애고, '해냈다'는 경험으로 긍정적 감정

회로를 활성화하는 과학적 전략입니다.

2. 행동의 스위치 켜기, If-Then 실행문

기존 습관과 새 습관을 연결합니다. 예를 들어, 양치질을 했으면 (If), 영어 단어 5개를 외운다(Then) 같은 방법입니다. 집에 돌아와 방문을 열면, 가방에서 플래너와 필통만 꺼내 책상 위에 펼쳐둔다. 스마트폰 게임을 하고 싶으면, 수학 문제 3문제를 먼저 풀고 10분 간 한다. 수학 문제집을 펼치면, 가장 쉬운 계산 문제부터 푼다. 이런 식으로 필요한 공부 습관의 스위치를 미리 설계하면, 고민 없이 거의 무의식적으로 다음 행동에 돌입할 수 있습니다. 의지력이 아닌 잘 짜인 시스템에 행동을 맡기는 것입니다.

3. 실패를 다루는 기술, '두 번 연속은 없다'

무너지는 날, 계획대로 되지 않는 날은 반드시 옵니다. 그럴 때 비난은 아이를 '전부 아니면 전무' 함정에 빠뜨립니다. '한 번 놓쳐도, 두 번 연속은 놓치지 않는다' 원칙으로 가볍게 재시동을 걸어 주세요. 이어지는 실패를 막는 것이 비결입니다. '괜찮아, 어제 못했으니 오늘은 딱 절반만 해볼까?' 아이에게 실패해도 다시 시도하는 것이 중요하다는 메시지를 줍니다. 회복 과정을 돕는 것이 핵심입니다.

실제 사례를 하나 소개하겠습니다. 어느 날 사전 연락도 없이 제

사무실 앞에서 기다리던 고2 학생이 있었습니다. 대학생이 된 후 나눈 대화에서 그는 이렇게 말했습니다. "처음 찾아온 고등학교 2학년 때, 당시 공부 실력은 국어는 초등 저학년 수준, 영어는 5-6학년, 수학은 초등-중등 사이였습니다. 초등학교 1학년 때부터 중학교 3학년 때까지 9년 정도 게임에 빠져 살았죠."

이 학생은 재수 후 전북대에 합격했고 영국 교환학생으로도 선발됐습니다. 완전히 바닥이었던 성적을 중상위권까지 끌어올린 이유에 대해 그는 이렇게 말했습니다. "제가 물처럼, 선생님 말씀하신 대로 물처럼 끊임없이, 불 같은 공부가 아니라 꾸준히 했기 때문에…"

저는 공부하는 순간의 느낌에 주목했습니다. 읽고 싶은 책을 읽고, 재미없으면 멈추고 다시 찾으라고 했습니다. 수학은 쉽고 재미있게 풀 수 있는 문제만 풀도록 했습니다. 영어 듣기는 듣고 싶은 이야기 '알리바바와 40인의 도적'으로 시작했습니다. 공부 감정이 긍정적이 되면 물 흐르듯 흘러가는 게 공부입니다. 공부가 정말 하고 싶은 일이 되도록, 예측 회로가 작동하도록 재미·의미·성취감 데이터가 쌓이도록 안내했습니다. 그는 끝까지 저를 믿고 잘 따라왔고, 결국 원하는 대학을 선물로 받았습니다.

내 아이가 만약 수포자라면? 3가지 구출 원칙

뇌 과학과 학습 과학 여행을 마치며, 아이를 위한 실천 방법을 꿰어 낼 시간입니다. 수포자든 영포자든 상관없습니다. 공부 때문에 무너진 아이의 마음을 일으켜 세울 3가지 원칙을 제안합니다. 정말 제 아이의 문제라고 생각하고 절박한 심정으로 드리는 제안입니다.

원칙1. 양보다 질, 모든 기준을 바꾸십시오

'몇 시간 앉아 있었나' 대신 '얼마나 의미 있는 시간을 보냈나'를 재는 새 저울을 쓰십시오. 당신의 유일한 질문은 '이것이 우리 아이의 공부 상처를 치유할 수 있을까?' 하는 것, 공부하는 순간의 감정, 공부 경험의 질이어야 합니다. 숙제를 많이 내는 학원 대신 아이 질문 하나에 진심으로 답해 주는 선생님, 100문제 풀이보다 단 한 문제라도 '아하!' 하는 깨달음, 관리자가 아니라 배움의 질을 읽는 관찰자 되기에 집중하십시오. 양으로 쌓은 탑은 모래성, 질로 다진 경험은 반석이 됩니다.

원칙2. '재밌다'는 느낌을 과학적으로 설계하십시오

목표는 아이를 수학자로 만드는 게 아니라, 공부하는 순간 느끼는 감정을 바꾸는 것입니다. 모든 수단과 방법은 성적이 아니라 만족감을 위해 사용되어야 합니다. 아이가 '아, 이거 조금 재미있네',

'이건 좀 해볼 만한데?' 하는 작은 감정 변화를 느끼도록 모든 조건을 설계하세요. 지루한 연산보다는 보드게임, 딱딱한 영어 문법보다는 영화나 팝송으로 배우는 영어를 활용해 보세요. 재미와 만족감은 부모가 아이 뇌를 위해 과학적으로 설계하고 선물해야 하는 가장 중요한 학습 자원입니다.

원칙3. 아이의 심장을 뛰게 할 단 한 권의 책을 찾으십시오

스마트폰 보는 시간의 절반만이라도 책을 읽게 하면 공부 그릇은 놀랄 만큼 커집니다. 잔소리 대신, 아이 관심사에 진심으로 관심을 기울여 단 한 권의 책을 함께 찾아내세요. 아이를 진정으로 알아가는 과정입니다. 아이가 즐겨보는 유튜브, 게임 캐릭터, 대화 속 숨겨진 관심사를 찾아 그와 연결된 책을 슬쩍 올려놓으세요(공룡 대도감, 프로 선수 자서전, K팝 역사 책 등). 아무리 책과 담을 쌓은 아이라도, 자신의 가장 깊은 관심사를 충족시키는 책을 만나는 순간 변화의 문이 열립니다. 그 책은 아이에게 독서의 즐거움을 알려주는 마중물이 되고, 세상을 이해하는 무기인 문해력을 싹 틔울 것입니다.

EBS 토론회 날, 명문대 의대 합격생이 말했습니다. "매일매일 고통이었지만, 끈기와 의지로 버텼습니다!" 스튜디오는 '역시 공부는 의지야' 하는 분위기였죠. 저는 또다시 편견 앞에 외톨이가 된 기분이었습니다.

그 학생의 노력을 폄하할 생각은 없습니다. 하지만 고통의 순간을 이겨내고 계속 공부하는 데 필요한 것이 있습니다. 어려운 문제를 풀었을 때의 짜릿한 성취감, 개념 이해 순간의 희열 같은 긍정적 연료. 이게 부족하면 고통의 순간을 넘을 수 없습니다. 의지나 끈기의 차이가 아닙니다. 의지와 끈기를 발휘하는 데 필요한 연료, 즉 재미, 의미, 성취감이라는 공부 만족감의 차이입니다.

공부와 시험 공부를 구분하자고 외치는 이유도 마찬가지입니다. 아이들이 거부하는 것은 공부 자체가 아니라, 의미도 즐거움도 없이 결과만 강요하는 시험 공부입니다. 부모에게는 전략적 선택이 요구됩니다. 소수만 성공하는 시험 공부에 아이를 적응시키려 애쓸 것인가? 아니면 먼저 아이가 배움의 즐거움을 느낄 수 있도록 진정한 공부 길을 터줄 것인가?

맛없는 시험 공부를 오래 버티게 하는 유일한 영양제는, 시험과 무관한 진짜 공부의 즐거움을 얼마나 많이 경험했느냐에 달려 있습니다. 공부에 대해 긍정적으로 예측할 과거 데이터가 충분하면 고비가 와도 넘길 수 있습니다. 양과 결과에 집착하는 낡은 길로 아이를 내몰며 함께 지쳐갈 것인지 아니면 질과 감정, 관심이라는 새 원칙으로 아이 잠재력을 과학적으로 깨우는 진정한 공부 길로 안내할 것인지 결정하십시오.

"'하기 싫다'와 '효과적'이라는 말은 함께할 수 없습니다.
덜 하기 싫은 공부, 덜 부담스러운 공부가 되도록 학습법
을 활용해야 아이를 괴롭히지 않고 도울 수 있습니다."

한눈에 비교하기

	집어넣는 공부(가짜 공부)	꺼내는 공부(진짜 공부)
예시	눈으로 읽기, 밑줄 긋기, 강의 듣기	백지 테스트, 설명하기, 퀴즈 풀기
뇌 상태	수동적 정보 수용(유창성 착각↑)	능동적 정보 인출(장기 기억↑)
학습 효과	낮음(쉽게 잊어버림)	높음(오래 기억, 응용력↑)
느낌	쉽고 편함	조금 힘듦

10분 미션　'공부 그릇' 진단하고 과학적 습관 설계하기

1. 우리 아이 '공부 그릇' 확인하기

최근 아이의 모습 떠올리며 자주 그런 것에 체크해 보세요.

□ 계획을 세우고 새로 시작하기 어려워한다.　　□ 감정(특히 좌절, 분노) 조절이 어렵다.

□ 과제/준비물 등을 잊어버린다.　　□ 어려운 문제 앞에서 쉽게 포기한다.

□ 딴생각에 빠지거나 쉽게 산만해진다.　　□ 상황 변화에 유연하게 대처하기 어렵다.

□ 충동적으로 행동하거나 말할 때가 많다.

체크한 항목이 3개 이상이라면, 아이의 '공부 엔진(실행 기능)'을 탓하기 전에 '엔진 오일(정서적 안정, 내적 동기)'부터 채워야 한다는 신호입니다.

2. 과학적 습관 설계: '2분 규칙'으로 첫 삽 뜨기

아이가 가장 부담스러워하는 공부를 오늘 딱 '2분만 하기'로 제안합니다. 목표는 완성이 아니라 '시작 행동'의 성공 경험 만들기입니다. "일단 2분만 해 보고, 더 할지 말지는 네가 정해." 하고 자율성을 존중하며 말해 보세요.

3. 긍정 감정 연결: '해볼 만하다'는 느낌 심어주기

아이가 목표를 달성하면, 결과가 아닌 해냈다는 사실 자체를 칭찬해 주세요. 예를 들어, "와, 제일 하기 싫은 수학을 스스로 시작하다니!", "2분 약속 지켰네! 멋지다."라고 말하며 아이 뇌에 '공부=성취감'이라는 긍정의 연결 고리를 만들어 주세요.

FAQ

Q. 아이가 2분 규칙조차 거부하네요?

A. 이는 공부에 대한 거부감이 매우 크다는 신호입니다. 공부라는 단어 자체를 잠시 내려놓고 아이의 감정을 바꾸는 것에 집중해야 합니다. 먼저 긍정적인 관계를 회복하는 것이 우선입니다. 아이의 마음이 열렸을 때 다시 아주 작은 공부 목표를 제안해 볼 수 있습니다. 5장의 '3대 마음영양소' 채우기부터 다시 시작해 보세요.

Q. 꺼내는 공부가 좋다고 하는데, 아이가 너무 힘들어해요.

A. 어려움의 수준이 아이에게 맞지 않기 때문일 수 있습니다. 아이가 감당할 수 있는 난이도로 낮춰야 합니다. 백지 테스트가 어렵다면 '힌트를 보고 빈칸 채우기'부터 시작하고, 설명하기가 부담스럽다면 '오늘 배운 것 중 기억나는 단어 3개 말하기'부터 시도하세요. 중요한 것은 완벽하게 꺼내는 것이 아니라, '애써 꺼내보려는 노력 자체'를 격려하는 것입니다. 8장의 '실패 일기'처럼 작은 성공을 기록하는 것도 도움이 됩니다.

Q. 잠, 운동, 독서가 중요하다는 건 알지만, 시험공부 시간도 부족한데요?

A. 그렇게 느낄 수 있지만 당장의 성적(결과)에만 매몰되어 장기적인 성장의 토대(과정)를 갉아먹는 집약형 모델의 함정에 빠진 것일 수도 있습니다. 잠은 기억을 저장하고, 운동은 뇌 기능을 깨우며, 독서는 모든 학습의 기초 체력입니다. 이 세 가지는 공부의 질을 높여 결과적으로 더 적은 시간으로 더 높은 성과를 내게 하는 가장 과학적인 투자입니다. 우선순위를 바꾸는 용기가 필요합니다.

드디어 협력의 집, 마지막 공정입니다. 튼튼한 기초 위에 네 개의 핵심 기둥까지 세웠으니, 이제 비바람을 막아줄 튼튼한 벽과 지붕을 올릴 차례입니다. 11장에서는 먼저 아이와의 갈등을 성장의 기회로 만드는 협력의 벽을 세우고, 마지막으로 12장에서 세상의 압력으로부터 우리 가족의 가치를 지켜줄 보호의 지붕을 얹어 집을 완성할 것입니다.

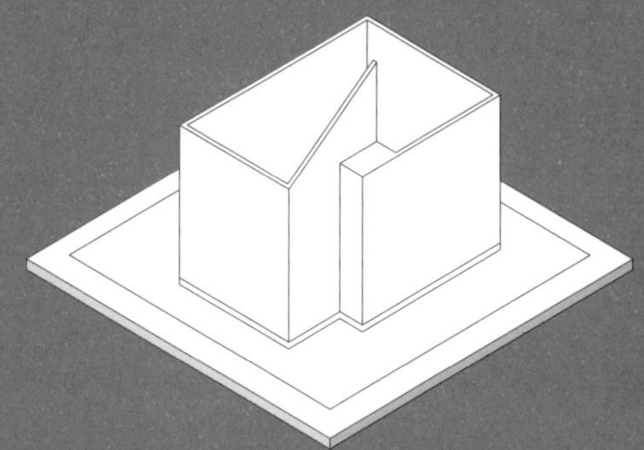

PART 4

벽과 지붕 공사,
갈등을 넘고 세상의 압력 막아내기

11장

협력의 벽 세우기
갈등을 우리 집 성장 프로젝트로 전환하는 기술

협력의 집을 위한 기초를 다지고 네 개의 기둥(정서적 안정, 자율성, 과정 중심주의, 학습 전략)까지 세웠습니다. 하지만 벽이 없는 집은 비바람에 무너지기 마련이죠. 이제 그 기둥들 사이에 갈등이라는 외부 충격과 내부 균열을 막아 줄 단단한 벽을 세울 차례입니다.

이번 장에서는 부모가 관리자의 언어를 버리고 협력자로 거듭나는 구체적인 소통 기술을 익힐 것입니다. 갈등은 더 이상 피해야 할 문제가 아니라 함께 배우고 성장하는 소중한 '우리 집 성장 프로젝트'가 될 수 있습니다.

우리 집은 왜 매일 전쟁터일까? 집약형 모델의 함정

"빨리 안 일어나?! 너 때문에 또 지각이야" "스마트폰 당장 내놔! 하루 종일 그것만 붙들고 있을 거야?" "누가 먼저 그랬어! 형이니까 동생한테 양보해야지!" 익숙한 풍경입니다. 사랑하는 아이와의 대화가 어째서 평화로운 협상이 아니라 일방적인 통보와 격한 감정 싸움으로 끝나게 되는 걸까요?

우리 집이 매일 전쟁터처럼 느껴진다면, 집약형 모델의 함정에 빠져 있기 때문일 겁니다. 집약형 모델의 악영향 때문에 부모와 아이 모두 원치 않지만, 뇌의 생존 메커니즘에 따라 이성적인 대화가 불가능한 상태에 빠져드는 것입니다.

집약형 모델은 '부모의 압박 → 아이의 문제 행동 → 부모의 더 큰 압박'으로 이어지는 악순환의 고리를 만듭니다. 이제 집약형 모델을 과감히 벗어던지고 갈등을 성장의 에너지로 바꾸는 '협력형 모델'의 기술을 배워야 합니다.

한 사람의 두 얼굴, 평온한 나와 불안한 나

아이가 쭈뼛쭈뼛 채점한 시험지를 내밉니다. 평온한 날의 나는 깊게 숨을 들이마시고 아이의 얼굴부터 살핍니다. "오늘 고생 많았지. 어디가 어려웠어?" 어깨가 굳어 있던 아이가 눈을 깜빡이며 한숨을 뱉고, 식탁에 나란히 앉아 대화를 시작합니다. 마음이 흔들린 날의 나라면 어떨까요? 카톡방 알림이 울리고, '우리 애 만점'이라는 자랑질이 내 눈을 먼저 흔듭니다. "이게 뭐니. 또 같은 실수야?" 목소리가 올라가고, 아이는 시선을 떨굽니다. 방문이 닫히는 소리와 함께 우리 집 저녁도 굳게 닫혀 버립니다.

두 장면의 차이는 부모의 품성이 아니라, 상태에서 비롯됩니다. 불안감을 유발하는 자극이 들어오면 어떻게 되는지 이제 잘 아실 겁니다. 편도체 하이재킹! 그 순간 평소의 내가 아닙니다. 같은 사실도 더 위협적으로 해석하고, 같은 아이를 보고도 더 실망스럽게 느낍니다. 평온할 때 다짐했던 원칙은 급한 상황에서는 통째로 떠오르지 않는 게 당연합니다. 불안한 상태에서는 불안할 때 경험했던 것만 잘 떠오르는 '상태 의존 기억'까지 가세하니까요.

불안감이 올라올 땐 '반응 전 멈춤'이 먼저여야 합니다. 몇 초의 멈춤, 잠깐의 호흡이 편도체의 경보음을 낮추고, 부정적인 생각에 브레이크를 걸어 줍니다. 멈춤 효과의 사례도 함께 보겠습니다.

멈춤 효과1. 시험 망친 아들

중2 아들이 수학 시험을 망치고 온 날, 엄마는 현관에서 자동 발사 직전의 첫마디를 애써 삼켰습니다. 물 한 잔을 건네고, 아이가 신발을 벗는 7초 동안 스스로에게 속삭였습니다. "지금은 멈춤." 그 7초가 흐르고 나서야 "오늘 많이 긴장했나 보네, 일단 편히 쉬어야겠다"라고 말할 수 있었습니다. 그날 저녁 식탁에는 책임 추궁 대신 위로와 다짐이 오갔습니다. 차이는 한 문장, 한 호흡이었습니다.

초6 딸이 숙제를 미루다 잠든 밤, 아빠는 갑자기 밀려온 불안감에 "지금 깨워!" 하고 소리치고 싶었습니다. 하지만 그날 주방 타이머를 3분에 맞추고 싱크대 앞에 서서 깊이 호흡했습니다. 1분쯤 지났을 때 '오늘은 여기까지', 2분쯤에는 '내일 방법을 찾으면 되잖아' 하고 생각이 달라졌습니다. 잠든 아이를 보며 안쓰럽다는 마음이 들었습니다. 다음 날 아침, 작은 목표 설정에 합의가 이루어졌고, 그 주 내내 아이는 스스로 숙제를 시작했습니다.

불안이 이끄는 쪽으로 끌려가지 않을 때, 바로 그 멈춤의 순간에 우리는 좋은 부모가 됩니다. 부모의 작은 변화가 아이에게 큰 변화를 일으킵니다. 아이는 부모의 말보다 마음 상태를 본능적으로 먼저 알아차립니다. 부모의 표정, 시선, 말투가 차분해지면 아이의 마음도 덩달아 가라앉습니다. 위협 신호가 줄어들수록 아이의 편도체 경보가 꺼지고, 생각 회로가 다시 켜집니다. 평온한 나는 아이 뇌의 '배움 모드'를 켜고, 불안한 나는 '도망 모드'를 켜는 것입니다.

그렇다면, 평온한 나와 불안한 나 사이에서 길을 잃지 않으려면 어떻게 해야 할까요? 3가지 방법을 소개합니다. 모두 여러분의 뇌가 편도체에 납치당하지 않도록 전전두피질을 호출하는 상태 전환 스위치입니다.

방법1. 현관에서 7초

1장에서 제안한 7초 멈춤 챌린지를 응용해 보겠습니다. 아이를 맞이할 때, 아무리 안 좋은 일이 있더라도 '표정 → 호흡 → 한 문장'의 순서로 반응합니다. 표정은 부드럽게, 호흡은 깊게, 말의 첫마디는 "네 얘기부터"입니다.

방법2. 식탁에서 3문장

뭔가 쏟아내고 싶은 말이 튀어나오려 할 때, 예를 들어 성적표나 알림장을 펼치는 순간, 결과 대신 과정에 집중하는 문장 셋을 기억하세요. "어려웠던 게 뭐야?", "무슨 생각 났어?", "뭘 도와주면 좋겠니?"

방법3. 자신에게 말 걸기

가장 쉬운 마음챙김 방법입니다. 부정적인 감정이 올라오는 바로 그 순간, '아, 너 또 화가 났구나', '너 또 초조해 하는구나' 하고 자신의 감정을 알아차리고 스스로에게 말을 걸어 주는 겁니다. 이렇게 자신의 감정을 한발 떨어져 객관적으로 바라보는 것만으로도 감정과 나 사이에 거리가 생기고, 편도체의 흥분을 가라앉히는 데 큰 도움이 됩니다.

저도 한때는 정답만 아는 괴물이었습니다

부끄러운 고백을 잠시 꺼내 봅니다. 저는 오랫동안 대한민국 사교육의 가장 치열한 현장에 있었습니다. 아이들을 최고 대학에 보내는 기술자로 인정받았고 많은 학부모에게 가장 성공확률 높은 입시 전략을 제시하는 해결사로, '박보살'이라는 별명까지 얻었습니다. 그때 당시 제 머릿속은 늘 경쟁, 효율, 성적, 성공으로 가득 차 있었습니다.

대치동에서 '과정'은 정답을 찾기 위한 수단일 뿐이었고, '협력'은 최고의 결과를 얻기 위한 전략적 제휴에 가까웠습니다. 아이들의 감정 문제나 소통의 어려움은 목표 달성을 방해하는 변수로 여겨졌고, 제거하거나 관리해야 할 대상이었습니다. 고백건대 저는 어느새 정답만 찾는 기계, 점수 올리는 괴물이 되어가고 있었습니다. 새삼 깨닫습니다. 많은 부모님이 집약형 모델에 갇혀 느끼는 불안과 강박에 저 역시 한동안 빠져있었던 겁니다.

하지만 제 마음을 점점 더 강하게 두드리는 부모님들의 아우성과 아이들의 비명이 저를 대치동 밖으로 밀어냈습니다. '아무리 내 살길이 중요하지만 이건 분명 아니다!' 하는 생각이 들었습니다. 우연히 접한 경기도 혁신학교 이야기가 돌파구였습니다. 치열한 사교육 시장을 떠나 진정한 교육 이야기에 주인공이 되고 싶었습니다.

제가 목격했던 혁신학교의 장면 하나를 소개하겠습니다. 초등학교 3학년 아이들이 모둠별 과제를 하고 있었는데, 한 아이의 실수로 완성 단계의 작품 일부가 망가졌습니다. 우리가 흔히 예상하는 전개는 아이의 울음이 터지고, '선생님, 얘가 우리 것 망가뜨렸어요!' 하는 고자질과 함께 책임 공방이 벌어질 상황이었죠. 하지만 아이들은 달랐습니다. 잠시 당황하던 아이들 중 누구 하나 소리치지 않았습니다. 대신 한 아이가 "얘들아, 잠깐 모이자"라고 말했고, 아이들은 하던 일을 멈추고 약속된 장소에 동그랗게 둘러앉았습니다. 그리고 정해진 규칙에 따라 '토킹 스틱(들고 있는 사람만 말할 수 있기로 약속한 막대기)'을 돌려가며 각자의 감정과 생각을 이야기하기 시작했습니다. 작품을 망가뜨린 아이는 "일부러 그런 거 아닌데, 너무 미안해"라고 사과했고, 피해를 본 아이는 "속상하지만, 다시 만들면 되지 뭐, 좀 도와줄래?"라고 말했습니다. 다른 아이들은 "시간이 얼마 없으니, 자기 모둠 작품 빨리 마무리하고 같이 도와주자"고 했습니다.

채 10분도 안 걸린 과정을 지켜보면서 저는 그 자리에 얼어붙은 채 충격에 휩싸였습니다. 수십 년 동안 아이들 교육을 논하고, 입시 전략을 짜던 제가, 교육 전문가라 자부하던 제가, 열 살 아이들이 보여준 갈등 해결 장면 앞에서 한없이 작아지는 것을 느꼈습니다. '나는 저 아이들보다 못하구나.' '나는 단 한 번도 저렇게 협력하고, 갈등을 건강하게 해결하는 법을 배워본 적 없구나.'

아마 저를 포함한 요즘 부모 세대들은 그런 교육을 받아본 적이 없을 겁니다. 우리 학창 시절은 더 높은 점수를 받기 위해 친구를 이겨야 하는 경쟁의 시대였습니다. 정답은 늘 하나였고, 그 정답을 남들보다 빨리 찾는 것이 유일한 미덕이었습니다. 양보와 타협은 불필요한 시간 낭비였고, 갈등은 피하거나 이겨야 하는 싸움일 뿐이었습니다. 그렇게 우리는 정답만 아는 어른, 하지만 관계 문제 앞에서는 속수무책인 서툰 어른이 되었습니다. 그리고 이제, 세상에서 가장 소중한 존재인 우리 아이들을 그렇게 서툴게 대하며 매일같이 전쟁을 치르고 있는 것입니다.

그날 아이들이 보여 준 모습은 제게 단순한 감동을 넘어, 새로운 길을 제시하는 나침반이 되었습니다. 한 번도 제대로 배우지 못했기에 더 절실하게 배우고 익혀야 한다는 절심함이 생겼습니다. 지금부터 소개할 협력 기술들이 바로 그날의 부끄러움에서 벗어나고자 제가 찾아낸 해법입니다. 아이를 바꾸려 하기 전에, 먼저 우리 자신을 바꾸는 연습을 시작할 것입니다. 서툴러도 괜찮습니다. 우리에겐 제대로 된 설계도가 있으니까요.

관리자에서 협력자로, 관점의 전환

반복되는 전쟁을 끝내기 위한 첫걸음은 무기를 바꾸는 것이 아니라 전쟁터를 바라보는 관점을 바꾸는 것입니다. 아이의 문제 행동을 마주했을 때, 우리는 무심코 아이의 의지나 태도를 탓하곤 합니다. '게으르다', '말을 안 듣는다' 하면서요. 하지만 아동심리 전문가 로스 그린Ross Greene 박사는 우리의 통념을 뒤집는 한마디를 던집니다. "아이는 잘하고 싶어서 잘하는 게 아니라, 잘할 수 있을 때 잘한다." 아이들의 문제 행동에는 의도가 담겨 있지 않다는 말입니다. 단지 어떤 문제를 해결하는 데 필요한 기술이 부족하거나 아직 해결 못한 어려움이 있다는 신호로 받아들인다는 뜻입니다.

숙제를 미루는 아이는 숙제가 하기 싫어서가 아니라, 어쩌면 내용이 너무 어렵거나 집중하는 데 어려움을 겪고 있을 수 있습니다. 아침에 못 일어나는 아이는 의지가 약해서가 아니라, 만성 수면 부족이나 학교 스트레스 때문일 수 있다는 말이죠. 이미 앞에서도 분명히 했지만, 아이를 문제아가 아니라 어려움을 겪는 아이로 바라보는 순간 부모의 역할은 완전히 달라집니다.

이제부터 우리는 아이를 통제하는 관리자의 역할을 내려놓고, 공동의 목표를 향해 나아가는 '협력형 프로젝트 매니저'가 되는 구체적인 방법을 배우게 될 것입니다. 먼저, 협력형 프로젝트 매니저가 갖춰야 할 두 가지 실전 전략과 한 가지 실전 기술을 소개합니다.

실전 전략 1: 협력적 문제 해결

갈등 해결을 위한 핵심 전략입니다. 문제가 이미 발생했을 때, 부모가 일방적인 지시 대신 아이와 함께 원인을 찾고 상호 만족할 수 있는 해결책을 만들어 갑니다.

실전 전략 2: 프로젝트 방식

긍정적 가정 문화 구축을 위한 핵심 전략입니다. 단순한 갈등 해결을 넘어, '우리 집 아침 평화 만들기'처럼 가족 구성원 모두가 바라는 과제를 가족 공동 프로젝트로 설정하여 함께 목표를 달성합니다. 가족은 문제 해결을 넘어 함께 성장하는 팀이 됩니다.

실전 기술 1: 핀란드의 이야기 대화법

두 전략의 성공을 위한 소통 기술입니다. 특히 대화에 서툰 부모가 충고·조언·평가·판단의 유혹을 끊고 아이의 말에 온전히 집중하도록 훈련하는 최고의 도구입니다. 협력적 문제 해결(이하 CPS) 1단계인 '공감하며 듣기'가 막막할 때 길잡이가 되어 줍니다.

마음의 문을 여는 이야기 대화법

경청은 의지만으로 되지 않습니다. 특히 정답을 알려주는 데 익숙한 우리 부모님들에게 판단 없이 듣는 것은 가장 어려운 일일지 모릅니다. 그래서 구체적인 훈련 도구가 필요합니다. 핀란드의 이야기 대화법은 성공 확률이 높은 구조화된 경청법으로, 대화에 서툰 부모라도 섣부른 판단이나 훈계의 유혹을 느낄 여지없이 아이의 말을 온전히 들을 수 있도록 지원하는 최고의 실전 기술입니다. 이를 우리 현실에 맞게 응용한 CPS와 프로젝트 방식의 실행에 꼭 필요한 이야기 대화법 4단계를 실습해 보겠습니다.

1단계, 대화 제안하기

"~에 대해 잠시 이야기 나눌 수 있을까?"

모든 협력의 시작은 통보가 아닌 정중한 초대여야 합니다. 아이가 감정적으로 격앙되어 있을 때나, 다른 일에 몰두해 있을 때는 실패 확률이 높습니다. 서로 차분하고 여유로운 시간을 골라, 무엇에 대해 이야기하고 싶은지 명확히 밝히며 대화를 제안하십시오.

목표 대화를 위한 심리적, 시간적 공간을 확보합니다. 아이에게 존중받는 느낌을 주어 회피 반응이나 거부 반응을 완화시킵니다.

이렇게 아들, 어제 스마트폰 문제 가지고 잠시 이야기 나눌 수 있겠니? 너는 어땠는지 네 생각이 궁금해서 그래.

2단계, 상대방 이야기 받아 적기

"어떤 말 해도 괜찮아, 엄마는 아무 말 안 하고 적기만 할게."

이야기 대화법의 가장 독특하고 강력한 단계입니다. 아이가 자신의 생각과 감정을 표현하는 동안, 부모는 아이의 말을 그대로 받아 적기만 해야 합니다. 아이의 말이 빠르면 천천히 말해달라고 부탁하는 정도만 허용됩니다. 부모가 자녀의 말을 받아 적는 행위는 단순한 기록이 아닙니다. '나는 당신의 말을 판단하지 않고 온전히 수용하고 있다'는 가장 강력한 존중의 비언어적 메시지입니다.

목표 부모가 '말하고 싶은 충동'을 원천 봉쇄합니다. '아이의 이야기에 집중하고 있으며 중요하게 받아들인다'는 느낌을 전달합니다.

이렇게 아이가 "학원 가기 싫어요…"라고 말하면, 부모는 조용히 메모지에 그대로 적습니다(처음에는 토씨 하나 빠뜨리지 않도록 합니다). 영혼 없이 기록하는 것이 아닌, 아이가 알아 주길 바라는 것을 정확히 파악하려 노력합니다. 부모의 역할이 '받아 적기'로 정해지면 아이의 말을 끊을 수 없습니다. 제대로 적으려면 집중해야 하기에 끼어들고 싶은 마음이 사라지기도 합니다. 아이 또한 부모의 경청을 확인하고 신중해집니다. 정확한 의사 표현을 위해 노력하며, 더 깊은 속마음을 털어놓을 수도 있습니다.

3단계, 받아 적은 내용, 아이가 확인하기

"하고 싶은 말이 이거구나. 네 말을 그대로 받아들이고 있어."

이야기가 마무리되면, 부모는 받아 적은 내용을 그대로 읽어줍니다. 아이는 자신의 말이 맞게 기록되었는지 확인합니다.

목표 아이의 말을 정확히 기록했음을 확인하게 해, '내 생각을 중요하게 받아들이는구나, 내 마음을 제대로 알아주는구나' 하는 깊은 신뢰를 형성합니다.

이렇게 진지한 표정으로 마음을 담아 기록을 소리 내 읽어 줍니다.

내용만큼이나 표정, 시선, 말투에 진심이 담겨야 합니다. 자신의 말이 그대로 기록되고, 부모가 읽어 주며 확인을 요청하는 과정에서 아이는 존중받는 느낌이 강해집니다. 뿌리 깊은 부모-아이의 수직 관계를, 간단한 방법으로 수평적으로 전환합니다.

4단계, 수정하기와 대화하기

"혹시 엄마가 잘못 적었거나, 네가 좀 더 보태거나 바꾸고 싶은 게 있으면 말해줄래?"

자신의 마음과 생각을 말로 표현하는 과정에서 어긋난 부분이 있다면 바로잡도록 합니다. 자신의 말 → 부모 기록 → 부모 읽기 → 자신의 확인 과정에서 일어난 생각을 반영하여, 하고 싶은 말을 제대로 하도록 돕습니다. 그리고 자연스럽게 대화로 넘어갑니다.

목표 수정 기회를 보장하여, 하고 싶은 말을 제약 없이 마음껏 하도록 합니다. 이후 대화의 성공적인 토대를 마련합니다.

이렇게 "네 이야기 듣고 적은 걸 보니, 학원 가기 싫은 이유는 단순히 재미가 없어서가 아니라 숙제에 대한 부담감, 친구 관계의 어려움까지 겹쳐서였구나. 그래서 학원 가는 것 자체가 큰 스트레스구나. 엄마가 맞게 이해했니?"

여기서 아이가 "그게 아니라요…"라고 하면 아이의 설명을 다시 적으며 수정합니다. 아이가 "네, 맞아요!"라고 할 때까지 진행합니다. 보통 한 번 이상 수정하는 경우는 없습니다.

여기까지 오면 아이는 엄마가 내 마음을 제대로 알아주는구나 하는 느낌을 강하게 받습니다. 이 순간 아이의 뇌는 위협을 감지하던 편도체의 경보가 꺼지고, 이성적 소통을 담당하는 전전두피질이 활성화될 준비를 시작합니다. 진짜 대화와 문제 해결이 가능한 뇌 상태가 만들어지는 것입니다. "네가 그렇게 힘들었다니 엄마가 미처 몰랐네. 자세히 이야기해 줘서 정말 고마워."하고 말 해도 좋습니다.

공감대가 형성되었다면, 비로소 부모의 생각과 감정을 전달할 차례입니다. "엄마도 걱정되는 부분이 있어… 네 마음이 편안해지면서, 수학의 어려움도 해결할 수 있는 좋은 방법이 있을지 우리 같이 찾아보면 어떨까?" 훈계가 아닌 아이의 입장을 고려한 나의 진심을 전달하는 것이 중요합니다(대부분 이때쯤 "이미 훈계하고 싶은 마음이 사라졌다"고 하십니다).

이야기 대화법은 감정 충돌 직전의 상황도 정보 공유와 문제 해결의 과정으로 급반전시킵니다. 처음에는 어색하고 시간이 오래 걸리는 듯 느껴질 수 있습니다. 하지만 그 효과는 어떤 수단으로도 얻기 어려운 단단한 관계의 기초가 될 것입니다.

실전! 우리 집 성장 프로젝트

실제 가정에서 일어난 생생한 사례를 통해, 갈등을 성장의 기회로 바꾸는 구체적인 실천법을 공개합니다.

밤 10시, 아들이 스마트폰을 놓지 않습니다. 엄마의 잔소리가 이어지고 아이는 짜증을 냅니다. 엄마가 폰을 빼앗고, 아들은 울며 방문을 쾅 닫습니다. 매일 밤 전쟁이 반복됩니다. 주말 오후에 메모지를 준비한 엄마가 민준이에게 대화를 제안합니다.

대화 제안: 정중한 초대

"민준아, 요즘 스마트폰 문제로 우리 자주 싸우는 것 같아. 엄마는 먼저 네 이야기를 제대로 들어보고 싶어. 잠시 시간 괜찮을까?"

받아 적기

엄마는 '말하고 싶은 충동'을 차단하고, 아이 속마음을 확인합니다.

민준　말해봤자 맨날 똑같잖아요. 못 하게 할 거면서.

엄마　어차피 엄마는 반대할 거다'라고 생각하는구나. (메모하며) 그래도 이번엔 엄마가 판단하지 않고 끝까지 들어볼게.

민준　밤에 친구들이랑 채팅하는 게 제일 재밌어요. 저만 먼저 나오면… 왕따 되는 느낌이란 말이에요.

엄마　(메모: 친구 채팅, 재미, 놓치면 불안, 왕따 느낌)

민준　그리고 엄마가 자꾸 재촉하면… 간섭받는 느낌이라
　　　더 하기 싫어져요.

엄마　(메모: 엄마 재촉=간섭, 반발심)

내용 확인

신뢰가 형성되고, 수평적 관계로 전환됩니다.

엄마　네 이야기 듣고 메모한 걸 보니, 밤늦게 폰을 놓기 힘든
　　　이유는 친구들과의 대화를 놓치면 소외될까 봐 불안해서
　　　구나. 그리고 엄마의 재촉이 간섭처럼 느껴져서 반발심이
　　　생겼던 것이고. 엄마가 맞게 이해했니?

민준　네, 맞아요.

공감 및 해결책 모색

엄마　네 마음이 그랬구나. 친구들 사이에서 소외되는 느낌이 싫
　　　은 거, 이해가 돼. 몰라줘서 미안해(공감/사과). 사실 엄마도
　　　걱정이 됐어. 네가 밤늦게 폰을 하느라 잠을 못 자면 건강이
　　　상할까 봐, 아침에 피곤하면 학교생활이 힘들까 봐 염려됐
　　　거든(엄마의 진심 전달).

민준　저도 맨날 싸우는 거 싫어요.

엄마　그래, 우리 둘 다 지금처럼 싸우는 것은 원하지 않네. 그럼
　　　'우리 집 스마트폰 평화 협정'을 만들어보면 어떨까? 좋은

아이디어가 있을까?(문제를 '함께 해결할 과제'로 제안)

민준 제가 한번 시간을 정해볼게요. 밤 10시까지만 하고,
10시가 넘으면 폰을 거실에 두고 잘게요.

엄마 좋아! 너 스스로 절제해 보겠다는 거네. 그럼 엄마도 10시
전까지는 잔소리 안 할게. 우리 한번 그렇게 해 보자!

결과

혹시 읽으시면서 '에이, 말 몇 마디로 이렇게 쉽게 해결된다고?' 의
구심이 드셨나요? 충분히 그럴 수 있습니다. 하지만 이 대화의 핵
심은 해결의 속도가 아니라 아이 마음속에서 일어난 방향의 전환
에 있습니다. 민준이가 태도를 바꾼 진짜 이유는 협정 내용 때문이
아닙니다. 엄마가 자신을 통제해야 할 문제아가 아니라 함께 해결
책을 찾을 파트너로 존중해 주었다는 사실, 그리고 진심으로 도움
을 청했다는 그 태도에 아이의 마음이 움직인 것입니다.

자신을 믿어주는 사람 앞에서 일부러 엇나가고 싶은 사람은 없
습니다. 이렇게 새로운 존중의 공기를 맛본 아이에게는, 오히려 이
전처럼 서로 비난하며 문제를 점점 더 복잡하게 꼬이게 만들었던
과거의 갈등 방식이 훨씬 더 이상하고 비효율적으로 느껴질 것입
니다. 아들의 책임감이 상승하고, 엄마는 감시자가 아닌 파트너가
되었습니다. 부모의 질문이 확인에서 탐색으로 바뀔 때, 아이는 스
스로 생각하는 힘을 기릅니다.

상황	관리자의 언어(X)	협력자의 질문(O)
시험 보고 난 뒤	시험 몇 점 받았니? (결과 확인)	오늘 새롭게 알게 된 사실은 뭐니? (메타인지 자극)
숙제 확인할 때	숙제 다 했니? (속도와 이행 강조)	가장 어려웠던 문제는 뭐였고, 어떻게 해결했니? (문제 해결 과정 공유)
진로 상담할 때	의대에 가야 해! (직업 강요)	너는 세상의 어떤 문제를 해결하는 사람이 되고 싶니? (가치 지향)

협력의 시스템화, 흔들리지 않는 우리 집 만들기

'우리 집 성장 프로젝트'는 반복되는 갈등 해결에 효과적입니다. 하지만 일회성 성공을 넘어, 어떤 문제가 발생하더라도 흔들리지 않는 지속 가능한 시스템을 마련해야 합니다. 협력형 모델을 우리 가족의 기본 운영체제로 만들기 위해 다음과 같은 몇 가지 제도적 장치가 필요합니다.

1. 정기 가족회의: 우리 집 프로젝트 공식 회의

정기 가족회의는 우리 집 시스템을 함께 점검하고 업그레이드하는 가장 효과적인 도구입니다. 문제가 생겼을 때만 비정기적으로 모이는 것이 아닌, 주 1회처럼 정기적으로 온 가족이 소통하는 시간이 중요합니다. 가족 프로젝트의 진행 상황을 점검하고, 새로운 안건을 논의하며, 서로를 격려하는 공식적인 자리가 됩니다.

회의 규칙(차례대로 말하기, 비판 대신 아이디어 제안하기 등) 은 필수입니다. 아이에게 역할을 분담(사회자, 기록 담당)해 주면 주인의식이 싹틉니다. 긍정적인 마무리(서로 감사하고 칭찬하기) 는 유대감을 강화합니다.

2. '우리 집 헌법' 만들기: 우리 가족 핵심 가치 선언

가족회의를 통해 우리 가족의 핵심 가치와 원칙을 담은 '우리 집 헌법' 만들기를 강력히 추천합니다. 이것은 부모의 일방적인 규칙 이 아닌, 가족 모두가 동의한 우리 집의 최고 규범입니다. 양소영 변호사의 '우리 집 헌법'을 예시로 옮겨 봅니다.

송파 삼 남매 헌법

제1조. 우리 집 최고의 가치는 행복이다.

제2조. 우리는 실수로 배우고 서로 용서한다.

제3조. 숙제·공부는 스스로 한다.

제4조. 부모님이 없을 때 권력은 첫째에게 있고,

모든 권력은 첫째로부터 나온다.

제5조. 중요한 일은 가족회의에서 함께 결정한다.

제6조. 우리는 함께할 때 가장 강하다.

3. 갈등 후 복기 대화: 관계 회복 기술

아무리 좋은 시스템을 갖추어도 갈등은 발생할 수 있습니다. 갈등의 빈도나 강도보다, 숨겨진 해결되지 않은 갈등이 문제입니다. 부부가 싸운 후에는 화해하는 모습을 보여주어야 하듯, 부모와 아이의 갈등 역시 사후 관리가 필요합니다. 감정이 폭발하여 서로에게 상처를 주었다면, 반드시 다시 마주 앉아 관계를 회복하는 '복기 대화'를 해야 합니다. 이때 부모가 먼저 용기를 내는 것이 중요합니다.

"아까 엄마(아빠)가 소리쳐서 미안해. 걱정되는 마음에 그랬지만, 방법이 잘못됐던 것 같아. 우리 다른 방법을 찾아보자. 앞으로 더 노력할게." 부모가 실수를 인정하고 진심으로 사과하면, 아이 역시 마음의 문을 열고 자신의 잘못을 돌아보게 됩니다. 복기 대화의 경험은 아이에게 '우리 가족은 싸워도 괜찮아. 다시 화해하고 해결하면 되니까' 하는 깊은 심리적 안정감을 줍니다. 실패를 딛고 관계를 회복하는 법을 배우는 것, 그것이 평생 가져갈 소중한 삶의 기술입니다.

하지만, 우리는 이미 실패했는걸요

여기까지 읽었지만 여전히 의구심을 가질 분이 계실 겁니다. "가족회의요? 해 봤죠. 결국 제 훈계 시간으로 끝나던데요." "우리 집 헌법이요? 만들었는데 3일 가고 예쁜 쓰레기가 됐어요.” “스마트폰 약속이요? 지켜진 적이 없어요. 약속하고, 어기고, 싸우고, 벌주고… 그냥 무한 반복이에요.”

왜일까요? 많은 부모님이 가족회의 같은 방법을 시도하지만, 그 핵심인 ‘서로 협력하는 분위기’, ‘실험 같은 연습 과정’을 생략한 채 형식부터 도입했을 가능성이 높습니다. 그것은 마치 땅이 바싹 말라 있는데 일단 좋은 씨앗부터 뿌리고 보는 것과 같습니다. 그러면 아무리 튼실한 씨앗이라도 말라 죽을 수밖에 없죠. 가족의 협력적인 분위기라는 토양을 촉촉하게 만드는 과정, 즉 ‘땅 적시는 작업’이 선행되지 않았기 때문입니다. 이 책에서 우리는 씨앗을 심기 전에, 마른 땅을 촉촉하게 적시는 과정을 충분히 함께했습니다. 이 장에서 줄곧 강조해 온 ‘핀란드의 이야기 대화법’, ‘CPS 1단계 공감 과정’입니다.

과거에 실패했던 가족회의를 떠올려 보십시오. 혹시 “자, 회의 시작! 안건은 너희 스마트폰 문제야!” 하며 곧바로 문제 해결(씨앗 심기)부터 시작하지 않으셨나요? 아이의 마음속 이야기, 즉 스마트폰을 놓을 수 없는 불안감과 욕구를 먼저 충분히 듣고 공감하며 마음의 토양을 부드럽게 만드는 과정을 건너뛰었을 가능성이 큽니다.

가족 헌법이 무용지물이 된 이유도 마찬가지입니다. 서로의 생각과 감정을 충분히 나누며 “우리 가족에게 정말 소중한 가치는 무엇일까?” 하고 함께 고민하는 과정(땅 적시기) 없이, “자, 규칙 정하자. 1번, …”처럼 규칙 조항(씨앗)부터 나열했다면, 그것은 아이들에게 우리의 약속이 아닌 부모의 통제로 느껴졌을 것입니다.

이 책에서 제안하는 모든 기술과 프로젝트는 ‘이야기 대화법으로 먼저 마음의 땅을 촉촉하게 적신다’는 대전제를 포함합니다. 아이의 이야기를 판단 없이 받아 적고, 내가 이해한 바를 확인받으며, 아이가 ‘내 마음을 알아주는구나’라고 느끼게 해주는 과정이야말로 가장 중요한 준비 작업입니다.

과거의 실패를 너무 의식하지 마십시오. 부모님이 부족해서가 아니라, 순서가 조금 달랐을 뿐입니다. 이제 우리에게는 마른 땅을 촉촉하게 적시는 구체적인 기술이 있습니다. 과거의 실패는 오히려 우리 집 토양에는 물이 더 많이 필요하다는 사실을 알려 준 소중한 데이터입니다. 이제 다시 시작해 보십시오. 이번에는 씨앗을 심기 전에 먼저 아이의 마음에 귀를 기울이며 관계라는 땅을 충분히 적셔주십시오. 촉촉한 땅에 심은 씨앗은 분명 이전과는 다른, 희망의 싹을 틔울 것입니다.

한눈에 비교하기

	집약형 갈등(전쟁터)	협력형 갈등(성장 프로젝트)
관점	아이 의지 문제("또 말 안 듣네")	아이 기술 부족("어려움이 있구나")
부모 역할	관리자, 훈육관	협력자, 코치
대화 방식	통제/지시("~해라!")	공감/경청(이야기 대화법)
시스템	없음(즉흥적 감정 폭발)	가족회의, 헌법, 복기 대화
결과	관계 파국, 문제 반복	관계 회복, 문제 해결, 함께 성장

10분 미션 가족회의, 우리 집 헌법 만들기

1. 미니 가족회의: 딱 한 가지 즐거운 안건으로 시작하기

목표 : 회의가 아닌 즐거운 대화 시간으로 인식시키기.

준비 : 아이가 좋아하는 간식, 메모지.

시작/초대 : "우리 간식 먹으면서 딱 5분만 재미있는 얘기할까?"

안건 정하기 : "이번 주말에 우리가 함께 정하면 좋을 딱 한 가지가 뭘까?"

(같이 볼 영화, 저녁 메뉴 등 가볍고 즐거운 주제로 시작합니다.)

의견 나누기 : 한 사람씩 돌아가며 의견을 말합니다.

(이때 이야기 대화법처럼 메모지에 적어 보는 것도 좋습니다.)

결정 및 마무리 : 다수결이나 합의로 결정하고, "좋은 의견 내줘서 고마워!"라고 긍정적으로 마무리합니다.

2. 우리 집 헌법 1조: 빈칸 채우기로 시작

목표: 규칙이 아니라 우리 가족의 가치를 공유하기.

진행: 가족회의가 익숙해지면, 종이에 아래 질문을 적고 각자 답을 써보게 합니다.

[예시]

"우리 가족이 가장 행복할 때는 언제인가요?"

"우리가 서로에게 꼭 지켜줬으면 하는 한 가지 약속은 무엇인가요?"

"우리 집을 한마디로 표현한다면?"

이 답들이 모여 "제1조. 우리 집 최고의 가치는 행복이다."와 같은 첫 조항이 됩니다.

FAQ

Q. 아이가 "회의는 싫어요! 그런 걸 왜 해요?"라고 거부합니다.

A. 아이가 처음에는 회의 시간을 또 다른 잔소리 시간으로 오해할 가능성이 높습니다. 그럴 때는 가족 회의 이름을 '주간 간식 타임'처럼 가볍게 바꾸어 보시는 것이 좋습니다. 또한, 무거운 안건 대신 주말 자유 시간 정하기처럼 아이에게 이득이 있는 안건부터 시작하는 것이 좋습니다. 아이에게 결정의 즐거움을 맛보게 하여 참여를 유도하면 좋습니다.

Q. CPS나 이야기 대화법 등이 너무 복잡하게 느껴지는데요.

A.딱 한 가지만 기억하시면 됩니다. 바로 '이야기 대화법 2단계(받아 적기)'입니다. 갈등이 생겼을 때, "잠깐!"이라고 외치고 종이와 펜부터 가져오십시오. 그리고 "네 얘기부터 들어볼게. 엄마가 받아 적을게."라고 말해 보는 것입니다. 내 말을 멈추고 아이의 말을 적는 그 행동 하나가 이 장의 모든 기술을 시작하는 만능열쇠가 될 것입니다.

12장

지붕 얹기
세상의 비바람으로부터 우리 집을 지키는 법

바닥과 네 개의 기둥, 단단한 벽이 세워졌다면, 이제 집짓기의 마지막 공정인 '지붕 얹기'만 남았습니다. 아무리 내부 구조가 튼튼해도 지붕이 없으면 세상의 비바람과 햇빛에 그대로 노출되겠죠. 가정에서의 지붕은 외부의 부정적 영향으로부터 우리 가족만의 가치와 관계를 지켜주는 보호막이 됩니다.

외부 비바람의 정체

어느 날 아침을 떠올려 봅니다. 초등학교 5학년 재이의 엄마는 스마트폰을 열어 SNS 게시물, 학부모 단톡방 메시지들, 고교학점제 연동 입시 개편안, SKY 자퇴생 급증 뉴스, "○○학원 설명회 안 갔으면 큰일 날 뻔!" 같은 글들을 봅니다. 특별한 생각 없이 반복하는 일상이지만 마음에 작은 파문이 일어납니다. 그러다가 어느 순간 가슴이 철렁 내려앉습니다.

스멀스멀 올라오는 불안감과 '이러다 내 아이만 뒤처지는 건 아닐까!' 하는 자신도 모르게 조급해진 마음으로, 재이 엄마는 방문을 열고 나오는 아이를 만납니다. "뭘 그렇게 꾸물거려, 학교 갈 준비 빨리해야지." 아무런 영문도 모르는 아이를 괜히 쏘아붙입니다. 외부에서 몰아치는 비교와 불안의 비바람이 엄마와 아이 모두의 기분을 엉망으로 만들어 버린 겁니다.

결코 낯설지 않은 장면이지요. 대한민국 부모의 80% 이상이 쏟아지는 교육 관련 정보 때문에 늘 불안을 느낀다고 합니다. 현대 부모들이 느끼는 압도적인 불안감은 단순히 개인의 예민함 때문이 아닙니다.

하버드 대학교 정치학자 로버트 퍼트넘Robert Putnam은 현대 사회 위기 중 하나로 사회적 자본 붕괴를 지적했습니다. 과거에 '마을'은 육아 부담을 함께 나누는 든든한 울타리 역할을 했습니다. 하지만 대부분의 공동체가 해체되면서 오늘날 부모들은 원하든 원치 않든 고립된 상태에 놓였습니다. 세상의 모든 비바람을 오직 가족 내부의 힘만으로 감당해야 하는 상황에 놓인 것입니다.

고립된 상황에서 부모님들이 마주하는 비바람은 우리를 각자도생의 길로 내모는 요인입니다. 비교의 바람은 성적, 스펙, 경제력 등 모든 것을 비교 대상으로 삼습니다. 특히 SNS에 전시된 다른 집 아이들의 반짝이는 성취는 부모에게 끊임없는 '상향 비교'

를 유발하며 상대적인 박탈감과 불안을 키웁니다. 유행의 소나기는 입시제도 변화, 달라지는 교육 트렌드, 새로운 사교육 정보가 쉴 새 없이 쏟아지는 것을 의미합니다. 조금이라도 놓치면 뒤처질 것 같은 두려움은 부모를 조급하게 만들고, 아이를 지치게 합니다. '초등 의대반' 열풍 같은 사교육 시장의 압력과 '명문대=성공'이라는 사회적 통념이 가정에 직접적인 영향을 미쳐 불안을 유발합니다. 과도하고 검증 안 된 정보가 일으키는 황사가 부모를 더욱 혼란스럽게 만듭니다.

부모님들은 사라진 마을을 찾아, 즉 사람들의 지지와 정보를 얻기 위해 온라인 커뮤니티에 접속합니다. 하지만 그곳에서마저 위로 대신 비교, 지지 대신 경쟁에 과다하게 노출되며 고립에서 벗어나기 위한 시도가 오히려 더 깊은 고립감을 낳는 역설을 마주합니다.

바로 여기서, 집짓기의 마지막 단계인 '지붕 덮기'의 중요성이 절실하게 다가옵니다. 가족에게 지붕은 외부 세계의 온갖 부정적 영향으로부터 우리를 보호하는 최후의 방어막이자, 가족의 안녕을 지키는 보호막입니다.

튼튼한 지붕의 재료

가족의 튼튼한 지붕을 만들기 위해서는 든든한 두 가지 핵심 재료가 필요합니다. 바로 '가족의 가치관'과 '정서적 유대감'입니다.

첫 번째 재료, 가족 가치관이라는 뼈대

지붕의 첫 번째 재료는 가족이 함께 공유하고 합의한 '가치관'입니다. 이는 우리 가족이 무엇을 중요하게 여기는지에 대한 명확한 기준입니다. 가치관은 가족이라는 하나의 시스템을 외부 세계와 구분 짓는 경계선 역할을 합니다. 경계선이 모호하면 외부의 평가나 유행에 쉽게 흔들릴 수밖에 없습니다. 우리 가족만의 가치로 만든 명확한 경계선은 외부의 압력으로부터 가족의 정체성과 안정성을 지켜주는 튼튼한 방패입니다.

두 번째 재료, 정서적 유대감이라는 보호막

지붕의 두 번째 재료는 끈끈하고 친밀한 '정서적 유대감'입니다. 이는 부모와 아이 사이 신뢰의 두께라고 할 수 있습니다. 유대감은 외부의 스트레스가 가족 내부로 침투했을 때 그 충격을 흡수하는 완충지대 역할을 합니다. 아이들은 주 양육자와의 안정된 애착 관계를 안전 기지로 삼아 세상을 탐험한다고 합니다. 부모라는 든든한 지붕 아래에서 언제라도 쉴 수 있다는 확신이 있을 때, 아이들은 실패를 겪더라도 다시 일어설 용기를 내겠지요.

가치관과 유대감은 시너지 효과를 냅니다. 깊은 유대감이 있을 때 부모의 가치관은 잔소리가 아닌 지혜로 전달되며, 공유된 가치에 따라 위기를 함께 극복하는 경험은 유대감을 더욱 굳건하게 만듭니다.

지붕의 역할, 경쟁 노선에서 성장 노선으로

"아이가 공부 못하면 어떡하죠?" 모든 부모의 가장 근본적인 불안입니다. 우리 사회가 정해놓은 경쟁 노선에서 내 아이가 뒤처질 때 우리는 길을 잃습니다. 경쟁 노선에 진입한 아이는 남들보다 앞서기 위해, 비교 우위를 점하기 위해 사력을 다 합니다. '나는 누구인가, 무엇을 할 때 행복한가?' 같은 존재 가치를 묻는 말은 사치처럼 느껴집니다.

만약 우리 아이가 경쟁에서 이길 자신이 있다면 그냥 달리면 됩니다. 하지만 실패 가능성이 커 보이고 아이 역시 경쟁을 버거워한다면 어떨까요? 바로 그때, 우리에겐 '성장 노선'이라는 새로운 지붕을 올릴 용기가 필요합니다. 가족이 함께 경쟁 노선에 대한 미련을 버리고, 아이의 고유한 성장을 믿고 지지하는 길로 갈아타는 중대한 결단을 내리는 것입니다.

경쟁과 성장이라는 분명히 다른 두 길은 아이가 세상을 바라보는 창이자 살아가는 방식을 결정합니다. 부모는 두 길이 어떻게 다른지 명확히 인지하고 선택해야 합니다. 경쟁 노선에서 아이는 끊임없이 타인과 자신을 비교하며 불안과 싸워야 합니다. 끝까지 버틴다고 해도 소수만이 오를 수 있는 비좁은 정상이 있을 뿐입니다. 이와 달리 성장 노선은 아이가 자기 자신과 경쟁하며 자신만의 가치를 쌓아갑니다. 처음에는 앞이 잘 보이지 않아 막막하지만, 한 걸음씩 나아갈수록 누구도 따라올 수 없는 자신만의 세계를 만들게 됩니다.

시민단체 '교육의 봄' 행사에 참석한 적이 있습니다. 무대에 선 강사는 아기상어로 세계를 제패한 핑크퐁의 채용 책임자였습니다. 그의 이야기는 시험공부라는 외길에서 벗어나지 못하는 우리에게 새로운 발상을 요구했습니다. '수많은 청년이 비교우위를 증명하려 애쓰지만, 기업은 존재가치가 분명한 사람을 원한다.' 이 강연은 취업 시장의 비극적인 현실을 꿰뚫고 있었습니다. 스무 곳에 원서를 넣어도 모두 떨어지는 청년들도 떠올랐습니다. 기업은 뽑을 사람이 없다고 아우성인데, 청년들은 일자리가 없다고 절규합니다. 왜 이런 비극적인 엇박자가 나는지에 관한 강사의 독창적인 설명에 감탄했습니다. 실패하는 순서와 성공하는 순서의 차이였습니다.

실패하는 순서: 회사→직무→나

'일단 대기업 가야지'(회사). '거기서 이런 일 하면 좋겠다'(직무). '그러려면 어떤 스펙이 필요하지?'(나). 이렇게 접근하면 '나'는 없습니다. 오직 남들이 정해놓은 기준에 나를 맞출 뿐입니다. 비록 스펙이 조금씩 달라도, 결국 모두 비슷한 인간이 되어 버립니다. "너는 어떤 사람이니?"라고 물었을 때 제대로 답하는 청년을 거의 보지 못했습니다. 제가 보기에 여기저기 다 떨어지는 진짜 이유는, 마치 복제인간처럼 모두 비슷해졌기 때문입니다. 양적인 스펙의 차이만 있을 뿐, 도대체 어떤 사람인지, 질적인 고유함을 확인할 길이 없지 않습니까?

성공하는 순서: 나→직무→회사

'나는 어떤 사람인가?'(나). '그렇다면 나에게 맞는 일은 무엇일까?'(직무). '그런 나에게 기회를 줄 회사는 어디일까?'(회사). 출발과 과정 모두에 '나'가 있습니다. "당신은 어떤 사람입니까?" 이 질문에 답하려면 스펙이라는 껍데기로는 부족합니다. 무엇을 좋아하고 싫어하는지, 언제 행복하고 불행한지, 무엇을 하고 싶고 피하고 싶은지 등 자기주도적인 경험을 통해 얻은 느낌, 감정, 생각 같은 자신만의 고유함, 질적 차이를 이야기할 수 있어야 합니다. 해야할 일보다 하고 싶은 일을 어릴 때부터 충분히 해본 사람만이 '나'를 제대로 설명할 수 있습니다. 그런 사람은 당연히 자신에게 맞는 일도, 자신에게 기회를 줄 회사도 찾아낼 수 있습니다.

핑크퐁의 입사 서류는 단 하나, 자유 양식의 포트폴리오뿐이라고

했습니다. 제가 직접 물었습니다. "학력이나 스펙을 안 본다지만, 그래도 고졸보단 대졸이 많지 않습니까?" 대답은 분명했습니다. "아니요." "그래도 업무 능력은 전공자가 더 낫지 않겠습니까?" 대답은 역시 "아니요." 너무나 명쾌한 설명에 저도 모르게 고맙다는 말이 나왔습니다. 아이가 공부(정확하게 말하면 시험 공부)를 못하면 인생이 끝난다고 믿는 부모들에게 꼭 들려주고 싶었던 말이었습니다.

자, 그렇다면 이제 다시 돌아와서, 우리 집 지붕을 성장 노선으로 덮으려면 구체적으로 어떻게 해야 할까요? '성장 노선 4단계 로드맵'은 다음과 같습니다.

1단계, 고등학교: 영재고에서부터 시작하는 사회적 서열을 무시하고 '나의 배움'을 선택합니다. (특성화고를 포함하여 아이가 정말 해 보고 싶은 공부를 할 수 있는 학교)

2단계, 대학교: SKY로부터 아래로 이어지는 대학 간판 대신 가장 깊이 파고들고 싶은 전공을 최우선으로 '성장'을 선택합니다.

3단계, 첫 직장: 대기업 대신 '직무'를 선택하여 해 보고 싶은 직무를 경험할 수 있는 중소기업에서 경력을 쌓습니다.

4단계, 경력직 도약: 학벌이 아닌 실력과 평판으로 승부합니다. 1년만 지나도 경력직 채용에서는 게임의 규칙이 바뀝니다. 얼마든지 원하는 기업에 도전할 수 있습니다.

이미 세상은 존재가치를 중시하는 성장 노선으로의 대전환을 시작했습니다. 하지만 여전히 절대다수의 부모는 비교우위에 매달리는 낡은 지도를 붙들고 있습니다. 안타까운 착시 현상입니다. 물론 경쟁 노선에서 이길 자신이 있다면 그 길을 가도 됩니다. 지금 우리는 성장 노선으로 갈아타고 나서야 자기 삶의 주인공이 될 아이들의 이야기를 하고 있습니다.

우리 아이가 잘살 길은 얼마든지 있습니다. 외부에서 쏟아지는 정보와 유행에 휩쓸려 그 길이 보이지 않을 뿐입니다. 이번 기회에 소중한 내 아이가 저물어가는 세상의 희생양이 되지 않도록, 떠오르는 세상의 주인공이 될 수 있도록, 우리 가족만의 분명한 판단 기준을 세워야 합니다. 어떤 학원이 좋은지, 어떤 활동이 입시에 유리한지 같은 판단 기준도 물론 필요하지만 우리 가족의 가치와 맞는가, 우리 아이의 기질과 발달 단계에 적합한가, 우리 집의 시간과 비용 안에서 지속 가능한가 하는 이런 실용적인 판단 기준도 미리 준비해야 합니다.

하지만 이는 이미 정해진 경기장 안에서 어떻게 하면 덜 넘어지고 조금이라도 더 나은 자리를 차지할 것인가에 대한 전술적 고민에 불과합니다. 우리가 세워야 할 새로운 판단 기준은 그보다 훨씬 더 근본적인 질문에서 출발해야 합니다. 우리 가족이 '어떤 경기장에서 뛸 것인가'를 결정하는 중대한 선택에 관한 것입니다. 세상이 정해놓은 질서를 따를 것인가, 아니면 내 아이에게 유리한 새로운 질서를 만들 것인가 하는 문제입니다.

'세상의 질서를 따른다'는 것은 경쟁 노선이라는 경기장에 입장함을 의미합니다. 경기장의 규칙은 명확합니다. 서열, 등수, 간판입니다. 승자는 소수이며, 나머지는 모두 패배자가 되는 제로섬 게임입니다. 이 길을 선택했다면 금방 말한 실용적 판단 기준이 꽤 유용한 도구가 될 것입니다. 어떻게든 남들보다 효율적으로 움직여 비교우위를 점해야 하니까요. 하지만 그 길의 끝에서 내 아이가 웃을 확률이 얼마나 될지 냉정하게 계산해 봐야 합니다.

'내 아이의 질서를 만든다'가 성장 노선의 본질입니다. 우리 사회가 그럴듯하게 만들어 놓은 경기장에서 벗어나, 내 아이가 주인공이 될 수 있는 새로운 판을 짜는 것입니다. 이 경기장의 규칙은 오직 하나, '배우고 성장하고 있는가'입니다. 이곳에는 서열도, 등수도 없습니다. 오직 아이의 고유한 존재가치만이 유일한 평가 기준입니다. 아이는 세상의 기준에 자신을 맞추는 대신, 세상이 자신을 원하게 만드는 사람이 됩니다.

물론 용기가 필요합니다. 남들 다 가는 길에서 벗어나는 것에 대한 불안, 아무도 가지 않은 길에 대한 막막함이 발목을 잡을 것입니다. 하지만 기억해야 합니다. 낡은 지도가 가리키는 곳에는 심각한 병목 현상뿐, 더 이상 보물이 없습니다.

결국 우리 집 지붕의 가장 근본적인 역할은, 세상의 비바람을 막아내는 것을 넘어, 우리 가족이 어떤 세상의 질서 아래 살아갈 것인지를 선포하는 것입니다. 간단하게 정리하죠. 아이가 시험 공부를 못하면 이렇게 말해야 합니다. "너만의 지도를 그려보렴. 어떤 길을 만들어도 괜찮아. 우리는 너의 첫 번째 탐험대원이 되어 줄게."

아이의 반짝임을 따르는 용기

어느 날 저녁, 아이가 폭탄선언을 합니다. "엄마, 나 축구선수 될래요." 그 순간, 부모의 머릿속은 하얘집니다. '어떻게 먹고 살려고 저러나!' 하는 현실적인 걱정이, 그간 사랑이라는 이름으로 쌓아 올린 많은 것을 뒤흔듭니다. 아이의 눈은 별처럼 빛나지만 부모의 마음은 불안의 안개에 휩싸입니다. 왜 우리는 아이의 순수한 열정 앞에서 이토록 작아지는 걸까요? 우리 사회에는 눈에 보이지 않지만 강력한 사회적 압력이 존재하기 때문입니다. 소수의 성공을 위해 다수의 희생을 당연하게 여기는 사회 시스템은 결코, 아이 한 명 한 명을 소중하게 생각하지 않습니다. 오직 정해진 길에서 이탈하지 않는 아이들만 끌고 갈 뿐입니다.

바로 이 지점에서, 협력의 집은 세상의 마지막 보루가 되어야 합니다. 아이가 타고난 개성과 독특한 성향을 온전히 존중하고 지켜 줄 수 있는 유일한 공간 말입니다. 세상의 압력에 무뎌져 색을 잃은 아이보다, 자기 색깔을 더욱 진하게 만들어 가는 아이의 미래가 훨씬 희망적이라는 믿음이 공기처럼 흐르는 곳 말입니다.

제가 진로 강연을 할 때 자주 부모님들께 던지는 질문이 있습니다. "여러분, 어릴 때 원대한 꿈을 꾸고, 그 꿈을 구체화해서 목표를 정하고, 그 목표 달성을 위한 계획을 세워 열심히 실천해서 여기까지 오신 분, 손들어보세요." 순간 강연장은 조용해집니다. 다들 멋쩍은 웃음과 함께 서로의 얼굴만 쳐다볼 뿐, 손을 드는 사람은 아무도 없습니다. 저는 잠시 숨을 고른 뒤 다시 묻습니다. "그러면요, 솔직히 그냥 '우찌우찌' 살다 보니까 여기까지 오게 된 것 같다, 하시는 분들 손 들어보세요." 그제야 여기저기서 웃음이 '빵' 터져 나옵니다. 금세 화기애애한 분위기가 되고, 대부분의 부모님이 고개를 끄덕이며 손을 번쩍 드십니다.

저는 인생의 최소 51% 이상은 계획이 아닌 우연으로 결정된다고 확신합니다. 우리 아이들의 미래를 위해서는 가장 확실한 진로 계획을 세워야 한다고 세상은 끊임없이 압박합니다. 하지만 저는 오히려 정반대의 길을 가라고 권하고 싶습니다. 그것이 불확실성의 시대를 살아가는 가장 확실한 지혜이기 때문입니다.

"세상에 너무 쫄지 마세요. 그냥 하고 싶은 거, 되는대로 한번 해보라고 하세요." 결코 아이의 인생을 방관하라는 뜻이 아닙니다. 확실한 결과를 손에 쥐기 위해서가 아니라, 과정 하나하나에 몰입하고 의미를 느끼는 경험 그 자체가 중요하기 때문입니다. 그렇게 쌓인 시간이야말로 예측 불가능한 미래, 무엇을 하면서 먹고 살아야 할지 예측하기 어려운 시대를 살아갈 수 있는 가장 확실한 자산이 되어 줄 것입니다. 또 다른 강연장의 풍경을 보겠습니다.

충남 아산 강연에서 한 어머님이 질문했습니다. "아이가 야구를 하고 싶어 하는데, 선수로 성공할 가능성이 희박해서 말리고 싶습니다. 어떻게 해야 할까요?" 저는 망설임 없이 답했습니다. "최대한 빨리, 정식 선수로 야구를 하도록 해주세요." 어머님은 조금 어이없다는 표정이셨습니다. 저는 이어서 설명했습니다. "어머님, 아이가 스스로 깨닫게 하는 것이 상책입니다. 야구 선수로 성공하는 것이 얼마나 어려운지, 세상에서 가장 확실한 방식, 바로 자기 자신의 경험을 통해 배우게 해야 합니다. 부모가 아이의 길을 가로막는 순간, 아이의 에너지는 성장이 아닌 스트레스 해소를 위해 엉뚱한 곳을 향하게 됩니다. 그리고 서로에게 가장 큰 힘이 되어야 할 부모와 아이 사이는 소모적인 갈등만 반복하게 될 것입니다."

시간이 흘러 다시 그 마을을 찾았을 때, 그 어머님이 저를 찾아와 웃으며 말씀하셨습니다. "소장님 말씀대로 했더니, 한 1년 정말 열심히 하더라고요. 그러더니 어느 날 '엄마, 난 여기까지인 것 같아' 하고 스스로 그만두더군요." 아이는 야구선수의 꿈은 접었지만, 대신 끝까지 도전하고 깨끗하게 포기하는 법을, 무엇과도 바꿀 수 없는 인생의 자산을 얻은 것입니다.

중학교 자유학기제가 도입되고 대입에서 전공적합성을 따지기 시작하면서 진로 교육이 급부상했습니다. 하지만 대부분 중요한 포인트를 놓치고 있습니다. 아이들 진로 의식 발달에 꼭 필요한 것은 성공이 아니라 실패와 좌절의 경험입니다.

'꿈'을 크게 착각하는 경우를 봅니다. 무언가 내 아이의 재능이나 적성을 딱 건드리는 운명의 꿈 같은 게 있어서, 그것을 찾기만 하면 아이가 180도 달라질 것이라는 부질없는 희망을 품습니다. 그런 건 없습니다. 꿈은 찾는 것이 아니라 채우는 것입니다.

세상은 아이에게 완성된 목적지가 그려진 지도를 손에 쥐여주라고 강요하지만, 협력의 집에 사는 지혜로운 부모는 다릅니다. 아이의 손에 텅 빈 지도와 나침반을 들려줍니다. 그리고 아이가 하고 싶은 것을 마음껏 해보게 함으로써, 훗날 자신만의 지도를 그려나갈 훌륭한 경험 조각을 차곡차곡 쌓아가도록 돕습니다.

아이의 눈이 반짝이는 순간을 놓치지 않고 진심으로 관심을 기울여 주는 것이 가장 확실한 진로 전략입니다. 자신이 하고 싶은 일을 할 때, 아이의 뇌 신경망은 폭발적으로 확장하며 성장합니다. 그렇게 쌓인 경험과 배움은 나중에 아이가 무엇을 하든 능히 감당할 수 있는, 걱정이 필요 없는 단단한 밑거름이 되어줍니다.

아이가 아무리 엉뚱한 얘기를 해도, 부모가 걱정 대신 환한 웃음으로 이렇게 말해주는 모습을 그려 봅니다. "걱정 말고 하고 싶은 거 마음껏 해 봐. 엄마 아빠가 적극 밀어 줄게." 세상의 어떤 평가에도 흔들리지 않는 굳건한 믿음이 담겨 있습니다. '남들이 뭐라고 하든, 너는 너만의 방식으로 충분히 잘 먹고 잘 살 수 있을 거야'라고 확신하는 말이기도 합니다.

만약 성공 확률이 점점 낮아지는 것 같아 기존의 지도에서 벗어나고 싶다면 바로, 아이에게 빈 지도를 들려주는 것이 우리 집 지붕의 역할입니다. 모두가 세상이 정해준 목적지를 향해 달려가라고 재촉할 때, 아이가 자신만의 길을 조금씩이라도 찾아 앞으로 나갈 수 있도록 자유를 허락하는 것입니다. 이제 부모의 역할은 완벽한 계획을 세워주는 관리자가 아닙니다. 아이의 배낭에 다채로운 경험, 즉 '꿈의 소재'를 함께 채워주는 든든한 동반자가 되는 것입니다. 그렇게 채워진 배낭이야말로 아이가 어떤 상황에서도 굶주리지 않고 열심히 살아갈 수 있는 평생의 자산이 될 것입니다.

그런 아이들이 얼마나 된다고요?

"소장님, 자기 하고 싶은 것만 해서 성공하는 아이가 과연 몇이나 될까요?" 성장 노선이라는 대안을 제시할 때면, 어김없이 돌아오는 질문입니다. 보통 이런 부정적인 느낌의 질문 뒤에는 깊은 불안감이 숨어 있습니다. "우리 아이는 잘하는 것도, 하고 싶은 것도 없어요. 공무원 같은 안정적인 직업이 그래도 제일 낫지 않나요?"

우리 아이들은 정말 하고 싶은 게 없는 걸까요? 아이들의 마음속을 들여다보면, 그 말은 진실이 아닌 경우가 대부분입니다. 아이들이 꿈이 없다고 말하는 데에는 대부분 가슴 아픈 사연이 숨어 있습니다. 이미 경쟁에 치여 희망을 잃은 경우가 적지 않습니다. "더 이상 공부하라고 안 할 테니 하고 싶은 거 해 봐!" 부모의 말은 바꿔었지만 여전히 또 다른 족쇄로 여겨 마음의 문을 닫은 경우도 봅니다. 하고 싶은 것만 하면 평생 알바나 전전하게 된다는 어른들의 협박이 학습된 공포로 자리 잡기도 합니다.

경쟁 노선에 치인 아이들에게 필요한 것은 꿈을 찾으라는 또 다른 압박이 아닙니다. 우선 아이가 다시 희망을 품고, 부모를 신뢰하며, 마음에 스며든 두려움을 걷어낼 수 있는 가정의 분위기, 안전한 지붕이 필요합니다.

우리 앞에는 두 갈래 길이 있습니다. 하나는 '뻥 뚫린 고속도로'처럼 보입니다. 대부분이 이 길로 들어서기에 가장 안전해 보입니다. 하지만 조금만 더 달려보면 그 실체는 전혀 안전하지 않다는 사실을 알게 됩니다. 이미 심각한 병목 현상으로 꽉 막혀 있습니다. 수많은 차가 뒤엉켜 경적을 울리고 앞으로 나아가지 못한 채 기름만 허비합니다. 길이 아니라 거대한 주차장이 되어버린 것입니다. 불안하다고 조금이라도 안전한 선택을 한 결과가 모두가 가는 꽉 막힌 길의 현실입니다.

다른 하나는 '아무도 가지 않은 숲길'입니다. 길이 보이지 않아 불안하고 막막합니다. 하지만 이 길을 선택하는 순간, 많은 것이 달라집니다. 닦인 길이 아니라 처음에는 많이 힘들지만, 조금씩 자신만의 길을 개척하면 아무도 방해하지 않기에 천천히 가도 되고, 쉬었다 가도 됩니다. 남들의 속도와 경쟁할 필요가 없습니다. 길을 만드는 과정 자체가 아이의 역량이 되고, 그 길의 끝에는 누구도 가본 적 없는 풍요로운 땅이 기다리고 있습니다.

하지만 당장 눈앞의 현실에 매달리게 되는 부모의 마음은 쉽게 달라지지 않습니다. 서로 다른 두 길의 성공 가능성을 내 아이의 진로 투자의 관점에서 냉정하게 분석해 보겠습니다.

투입 비용

고속도로에 진입하고 달리기 위해서는 적지 않은 사교육비가 필요합니다. 하지만 성공이 보장되지 않는 고위험 투자입니다. 반면 숲길은 아이의 호기심을 따라가는 여정이기에, 경험을 탐색하는 비용으로 사용됩니다. 훨씬 적은 비용으로 높은 효율을 기대할 수 있는 가치 투자입니다.

소요 시간

고속도로는 입시라는 단판 승부여서, 결과가 빨리 나타나는 것처럼 보입니다. 하지만 실패할 경우, 재수, 삼수… N수로 이어지며 시간과 기회비용을 모두 잃게 됩니다. 숲길은 당장 가시적인 성과는 없지만, 그 과정에서 쌓은 모든 경험이 대체 불가능한 경력이 됩니다. 시간 계획을 세우기는 애매하지만, 버려지는 시간이 없다는 사실만큼은 분명합니다.

정신적 위험

고속도로에서 낙오하는 순간 아이는 스스로 패배자라는 낙인을 찍으며 깊은 무기력과 자존감의 붕괴에 이를 수 있습니다. 하지만 숲길의 실패는 다릅니다. 도전을 포기한 아이는 도전과 포기, 그리고 새로운 시도가 이어지는, 값진 회복탄력성을 얻습니다. 실패가 오히려 정신적 자산이 됩니다.

개인 최종 성공률

이것이 핵심입니다. 고속도로는 매년 수십만 명이 몰려드는 제로섬 게임입니다. 내 아이 한 명의 실제 성공 확률은 통계적으로 매우 낮습니다. 그러나 숲길은 경쟁자가 거의 없는 블루오션입니다. 아이가 꾸준히 자신만의 길을 간다면, 그 분야의 독점적인 전문가가 될 확률이 비교할 수 없을 만큼 높습니다.

이런 분석 앞에서도 우리가 숲길로 들어가기를 주저하는 이유는 무엇일까요? 어쩌면 진짜 장애물은 아이의 가능성이나 잠재력이 아니라 부모의 마음속에 있는지도 모릅니다. 바로 주변의 시선, 그리고 우리 부모 세대가 가진 낡은 편견입니다. 남들 다 가는 길을 안 가면 불안하다는 내면의 목소리, 그래도 안정적인 직업이 최고라는 부모 세대의 성공 공식이 아이의 가능성을 가로막는 가장 높은 벽이 되고 있는 건 아닐까요?

결국 아이에게 숲길을 허락하는 것은, 부모가 먼저 세상의 시선으로부터 자유로워지는 용기 있는 독립 선언입니다. 거센 비바람이 몰아칠 것입니다. 단단한 준비가 필요합니다. 외부 압력에 대처하는 부모의 한마디도 연습이 필요합니다.

원치 않는 조언을 하는 친척이나 어른을 대할 때

"저희 아이 걱정해 주시는 마음 감사해요. 저희도 많이 고민했는데, 지금은 남편과 제가 상의해서 정한 이 방식으로 한번 꾸준히 해보려고 해요. 저희를 믿고 조금만 지켜봐 주시면 정말 큰 힘이 될 것 같아요."

다른 집 아이와 비교하며 불안감을 자극하는 지인을 대할 때

"와, 그 친구 대단하네. 그렇게 자기 재능을 꽃피우는 아이를 보면 저도 신나요. 그런데 아이마다 다른 점이 참 많잖아요. 우리 아이는 기질이 독특해서 그런지, 우리 아이에게 맞는 속도와 방법을 찾아 주려고 노력하고 있어요."

주변에서 '그렇게 하면 안 된다'는 요구를 받을 때

"선생님, 아이에게 깊은 관심 가져 주셔서 감사합니다. 선생님의 전문적인 의견을 존중합니다. 다만 저희 가정에는 '결과보다 과정을 즐기는 것'을 중요하게 생각하는 원칙이 있어서요. 그 점을 고려해서 아이를 위한 최선의 방법이 무엇인지, 함께 찾아보면 좋겠습니다."

대학 입시라는 비바람, 장점과 약점 사이에서

대학 입시 관련 문제가 아직은 멀게 느껴지는 분들도 있을 겁니다. 하지만 한번 찬찬히 읽어 보시면 좋겠습니다. 아이가 공부에 의욕을 보이지 않고 자신감이 없는 경우라면 여기서도 의외의 돌파구가 보일지도 모릅니다.

운동선수를 꿈꾸던 학생이 부상으로 꿈을 접고 체육 교사가 되기로 마음먹었습니다. 그러나 현실의 벽은 높았습니다. 운동에 전념하느라 생긴 학습 결손으로 내신과 수능 어느 쪽으로도 원하는 대학에 가기 어려운 상황이었습니다. 결국 재수를 결심했습니다. 그런데 입시를 잘 아는 지인이 그의 학창 시절 이야기를 듣고 뒤늦게 학생부를 확인하라고 권유했습니다. 그 안에는 성적이라는 숫자에 가려 잘 보이지 않던 숨겨진 보석이 있었습니다. 고1 때 우연히 신체 장애가 심한 친구의 짝이 됐는데, 자발적으로 학교에 요청해 졸업할 때까지 그 친구의 곁을 지켰다는 겁니다. 이 귀한 희생과 봉사의 시간이 학생부에 고스란히 담겨 있었습니다.

입시 전략은 전면 수정되었습니다. 약점인 수능 성적을 올리는 데 모든 것을 거는 대신 누구도 흉내 낼 수 없는 자신만의 강점, '공동체 역량'을 제대로 평가하는 대학의 학생부 종합전형에 지원했습니다. 결과는 합격이었습니다. 만약 그 학생이 자신의 장점이 입시에 강력한 경쟁력이 된다는 사실을 끝까지 몰랐다면, 수능 성적을 올리기 위해 재수 학원에서 1년을 보냈다면 결과가 어땠을까요?

많은 부모님이 숫자로만 표현되는 성적, 즉 내신·수능 성적 중심의 정량평가야말로 가장 확실하고 넓은 길이라고 믿습니다. 하지만 입시의 판을 대학의 시선으로 읽어보면 그 믿음이 얼마나 위험한 편견인지 알 수 있습니다. 제가 입시 전문가로 오래 활동하며 터득한 비결은 간단합니다. 바로 칼자루를 쥔 대학의 입장에서 판을 읽는 것입니다. 더 이상 대학은 단순히 성적 좋은 학생을 줄세워 뽑는 기관이 아닙니다. 대학의 학과는 공동체입니다. 그 공동체를 건강하게 만들어 갈 구성원을 뽑기 위해 노력합니다. 요즘처럼 반수와 재수가 급증하는 시대에 큰 골칫거리는 바로 중도 이탈 학생입니다. 진로 의식보다 성적에 맞춰 온 학생, 인기학과에 가고 싶었지만 점수가 부족해 하향 지원한 학생들처럼 전공 학과에 관심이 부족하면 그만큼 이탈 확률이 높습니다. 그런 학생들이 정원의 상당수를 채운 학과라면 공동체의 활력을 쉽게 잃기 마련입니다.

그래서 대학은 '정성평가', 즉 학생부 종합전형이라는 또 다른 문을 활짝 열어두는 것입니다. 학생부 기록과 면접을 통해 진정한 열정(전공역량)을 가진 학생, 혹은 뛰어난 리더십과 봉사정신(공동체

역량)으로 공동체에 기여할 학생을 선발하려는 전략적 선택입니다. 한마디로 중간에 떠나지 않고 졸업할 학생, 공동체를 건강하게 만드는 데 필요한 학생을 대학도 찾아야 합니다.

핵심은 분명합니다. 내 아이가 시험에 강하고 성적이 우수하다면 정량평가의 길을 선택하면 됩니다. 하지만 한국식 시험 공부에 적응하기 힘들어하고 성적이 부진하다면, 불리한 싸움을 계속할 이유가 없습니다. 포기가 아니라 전략적 전환을 하는 것입니다. 부모와 아이가 한 팀이 되어 약점인 학업역량을 메우는 데 모든 시간과 자원을 허비하는 대신, 아이만의 강점인 전공역량 또는 공동체역량을 키우는 데 집중하는 것입니다.

많은 부모님이 "아무리 그래도 학종 역시 내신 성적이 가장 중요하다던데요"라고 오해합니다. 그렇지 않습니다. 만약 전공역량이나 공동체역량에서 이렇다 할 강점이 없는 경우라면, 결국 내신 성적으로 뽑을 수밖에 없다는 뜻일 뿐입니다. 실제 합격생의 내신 성적 분포를 보면 정량평가 방식의 교과 전형이나 수능 중심 전형보다 학종 합격생의 성적이 낮은 경우가 많습니다. 대학이 성적이라는 숫자 너머의 가치를 보았다는 명백한 증거입니다.

결국 우리는 입시에서도 두 갈래 길을 마주합니다. 하나는 아이의 약점을 해결하기 위해 매달리는 길입니다. 험난하고 고단한 길입니다. 아이는 매일 자신의 부족함을 확인하며 자존감이 깎이고, 부모는 밑 빠진 독에 물 붓는 심정으로 시간과 돈을 쏟아부어야 합니다. 하지만 다른 길, 장점을 살리는 길이 분명히 있습니다. 아이가 자신의 관심사를 탐구하며 의미 있게 배우고 성장하는 것입니다. 성적이라는 불안만 떨쳐낼 수 있다면 대학 입시도 얼마든지 즐겁고 보람 있는 여정이 될 수 있습니다.

보통 부모 세대는 대부분 정량평가만 경험했기에, 개개인에게 다른 기준을 적용해서 평가하는 학종을 이해하고 받아들이기 쉽지 않습니다. 하지만 세상은 변했습니다. 예전에 걸었던 길, 지금도 잘 보이는 길이 전부가 아닙니다. 우리 집 지붕의 역할은, 세상이 정해놓은 획일적인 기준이라는 비바람으로부터 아이의 고유한 장점을 지켜주고, 그 장점이 환하게 빛날 수 있는 길을 찾아 함께 열어가는 것입니다.

학군지 신화와 '가족 효과'라는 진실

"소장님, 그래서… 학군지로 이사 가야 할까요?" 협력의 집을 튼튼하게 지어도, 부모님의 마음에는 여전히 불안이 남아있습니다. 학군지는 대한민국 교육에서 성공으로 가는 유력한 길처럼 여겨집니다. 그곳에 가기만 하면 아이의 미래가 보장된다는 신화가 우리를 끊임없이 유혹합니다.

출연한 유튜브 영상에 장문의 댓글이 하나 달렸습니다. 학군지라는 신기루를 좇았다가 호된 비바람을 맞고 돌아온 한 어머님의 용기 있는 고백이었습니다. 댓글 일부를 소개합니다.

"참고로 저희 아이는 강북에서 사교육 별로 안 받은 거에 비해 잘하는 편이었어요. … 주변 엄마들이 하도 강남으로 이사를 가고 해서 '아, 여기는 정말 아닌가 보다' 하고 이사 가서 4년 살고서 '아!' 하고 소장님 하신 말씀을 느꼈고 굉장히 혼란스러웠어요. … 학군지 학생들은 모두 우수한 줄 알았는데 아니더군요. 그냥 그런 수준이 정말 많았고 저희 아이가 엄청 잘한다는 걸 알고 너무 놀랐죠. … 다시 살던 지역으로 돌아가기로 가족회의에서 결정했고 이사 와서 삶을 되물으니 아이가 너무 좋답니다. '이제야 제대로 된 삶을 사는 것 같다'나요. 저희는 그렇게 다시 아이가 유년기를 보내던 곳으로 이사하고 아이도 저도 날개를 달았습니다." 학군지에 대한 이 어머님의 경험담은 우리에게 중요한 질문을 던집니다. 우리 집의 진짜 지붕은 과연 어디에 있어야 할까요? 두 가족의 사례를 통해 알아보겠습니다.

첫 번째 가족

학군지라는 '완성된 지붕'을 사기 위해 무리하게 이사를 감행합니다. 학군지에 가기만 하면 많은 문제가 해결될 것이라 기대합니다. 하지만 현실은 달랐습니다. 아이는 학원의 치열한 경쟁 속에서 자신감을 잃고, 부모는 기대했던 효과가 나타나지 않는 현실에 혼란스럽습니다. 맞벌이로 지친 부모는 아이를 학원에만 맡겨둔 채 사실상 방치하고, 아이는 지쳐갑니다. 결국 믿음직한 지붕이 될 거라 기대했던 학군지는 끊임없는 비교와 갈등을 일으키는 비바람의 진원지가 됩니다.

두 번째 가족

원래 살던 동네에 그대로 남기로 합니다. 대신 '가족 효과'라는 가장 튼튼한 재료로 스스로 지붕을 올리기 시작합니다. 집 밖의 사교육에 의존하는 대신, 가족이 함께 머리를 맞대고 아이에게 맞는 학습 전략을 짭니다. 학교 선생님을 최고의 파트너로 여기고, 아이가 학교생활에 충실할 수 있도록 응원합니다. 바깥 세상의 압력에 흔들리지 않고 우리 가족만의 원칙과 방향을 지켜나갑니다. 비록 남들이 보기에는 초라한 집일지 몰라도, 그 집의 지붕은 세상의 어떤 비바람도 막아낼 만큼 견고합니다.

제가 지금까지 확인한 가장 강력한 효과는 가족 효과입니다. 앞서 소개한 학군지 경험담에도, '아이 단속하느라 더 진땀 뺐다'는 얘기가 나옵니다. 공부 스트레스가 많은 주변 아이들의 악영향으로부터 아이를 보호하려고 힘들었다는 말입니다. 학군지를 옮기며 열심히 공부하는 아이들 사이에 있으면 자극이라도 받겠지 하고 흔히 기대하지만 현실은 정반대입니다. 사람 사는 곳은 어디나 비슷합니다. 채로 거르듯 우수한 아이들만 모아 놓은 곳은 없습니다.

가장 중요한 환경은 바로 사람입니다. 한 울타리에서 함께 지내는 부모만큼 강력한 환경은 없습니다. 부모의 기대에 부응하는 학군지는 대한민국 어디에도 없을 것입니다. 내 아이가 인정받고 사랑받으며, 어떤 꿈도 마음껏 펼칠 수 있는 곳, 바로 '우리 집'이 최고의 학군지입니다. 자기 이익 추구라는 속셈을 교묘하게 여기저기 퍼뜨리는 학군지의 환상은 정말 부질없습니다. 아이들 교육을 위해 좋은 환경을 찾아다니는 미련을 버리고 대신, 우리 가족의 힘을 믿으십시오. 아무리 불리한 환경일지라도 서로 믿고 의지하며 협력하는 가정의 아이는 결코 길을 잃지 않습니다. 오히려 학군지의 어떤 아이들보다 단단한 내면과 실력을 갖춘 사람으로 성장할 것입니다. 가족 효과, 누구도 흉내 낼 수 없는 위대한 힘을 믿으면 됩니다.

학교, 우리 아이의 첫 번째 사회생활

부모 세대에게 학교는 종종 잿빛 추억으로 남아있습니다. 획일적이고 권위적인 규칙, 정답만 강요하던 수업 등 부정적 기억 때문인지 "학교가 다 그렇지 뭐" 하며 여전히 불신하는 분위기가 강하고, 그만큼 아이 교육을 사교육에 맡기고 싶은 마음이 강해집니다.

양소영 변호사는 학교를 공부 이상을 배우는 곳, 세상을 배우는 가장 큰 울타리라고 말했습니다. 학교는 내 아이가 처음 마주하는 작은 사회이자 작은 공화국입니다. 함께 웃다가도 다투고, 협력하기도 하고 갈등하기도 하면서 자신과는 다른 존재, 즉 친구들과 함께 살아가는 법을 배우는 유일무이한 공간입니다. 값비싼 사교육이 문제 풀이 기술을 가르칠 수는 있어도, 소중한 사회적 성장 경험을 제공할 수는 없습니다.

무엇보다 아이의 뇌는 부모와, 그리고 '부모가 믿는 어른'에게서 가장 잘 배우도록 설계되어 있다고 합니다. 부모가 교사를 최고의 동반자로서 신뢰하고 존중할 때, 아이는 비로소 교사의 가르침을 온전히 흡수하며 안정적으로 성장할 수 있습니다. 부모가 학교와 교사를 불신하는 순간, 아이의 뇌로 향하는 가장 중요한 학습 통로가 막혀버리는 셈입니다.

물론, 아이가 어려움에 처했을 때 부모의 마음은 타들어 갑니다. 전통적인 공동양육 시스템이 붕괴된 지금, 부모와 교사 모두 지쳐 있고 서로를 오해하기 쉽습니다. 하지만 바로 그 순간이 '협력하는 가정'의 진가가 드러나는 때입니다.

우리 사회의 부정적인 영향력을 차단하는 데 꼭 필요한 '지붕'이 없는 가정은 학교를 불신하고, 교사를 서비스 제공자로 대합니다. 문제가 생기면 아이의 말만 듣고 학교에 항의하며 교사와 대립각을 세웁니다. 이 과정에서 아이는 선생님을 적으로 인식하고, 가장 중요한 배움의 터전으로부터 스스로 담을 쌓게 됩니다.

튼튼한 지붕이 있는 가정은 교사를 공동 양육자, 가장 중요한 협력 파트너로 여깁니다. 아이에게 문제가 생겼을 때 부모는 흥분하기보다 교사와 먼저 손을 잡습니다. 교사는 수많은 아이들을 지켜보며 내 아이를 가장 객관적으로 파악하고 있는 최고의 전문가이기 때문입니다. 부모와 교사가 '우리는 한 팀'이라는 믿음을 공유할 때, 아이는 가장 안정적인 환경에서 문제를 극복하고 한 뼘 더 성장합니다.

결국 학교라는 대들보를 어떻게 활용하느냐가 우리 집 교육의 성패를 좌우합니다. 학교를 불신하고 외면하는 것은 집의 가장 중요한 기둥을 스스로 무너뜨리는 것과 같습니다. 갈수록 위기 가정이 많아지고, 위기에 빠지는 아이들이 늘어나는 상황에서 부모가 혼자 고군분투하지 않고 교사와 협력하여 훌륭하게 탈출한 경우를 바탕으로 어떻게 하면 교사와 부모가 한편이 되어 아이의 성장을 도울 수 있을지 정리해 보았습니다.

책임 전가에서 벗어나세요

아이에게 문제가 생기면 '누구 탓'인지 따지기 쉽습니다. 그 과정에서 교사와 부모는 서로 상처를 주고 아이까지 피해를 봅니다. 교사는 아이 때문에 난처해진 부모의 마음에 먼저 공감하고, 부모는 수십 명의 아이들을 돌보는 교사의 어려움을 먼저 이해하며 도움을 청하는 자세가 필요합니다.

부모는 교사가 책임감이 부족하다고 생각하기 쉽고, 교사는 부모가 학교 사정은 모른 채 비난만 한다고 여길 수 있습니다. 하지만 서로를 깎아내리면 결국 모두의 자존감만 무너질 뿐입니다. 교사는 학생이 있어야 학교도 존재한다는 사실을 기억하며 아이를 보내준 부모에게 고마움을, 부모는 내 아이 하나도 벅찬데 수십 명을 이끌어야 하는 교사의 노고에 진심 어린 감사를 전해야 합니다. 서로를 귀하게 여기는 마음이 만날 때 아이들은 최고의 교육을 받게 됩니다.

교사(상대방)의 입장에서 생각해 보세요

부모는 자기 아이만 생각해서 이기적으로 보일 수 있고, 교사는 아이들에게 무관심해 보일 수 있습니다. 하지만 부모는 험한 세상에서 아이를 지키기 위해 악착같이 나서는 것이고, 교사는 모든 학생을 품고 가야 하는 책임감을 느끼고 있습니다. 서로의 어려움을 이해하며 만날 때 진정한 협력이 시작됩니다.

결핍이 주는 선물, 사교육과 자기주도력의 역설

대치동의 아이들을 만나다 보면 똑같이 힘든 입시를 치르면서도 어떤 아이는 단단한 중심을 잡고 나아가는 반면, 어떤 아이는 공부에 치여 허덕이기만 합니다. 결정적인 차이는 바로 학교를 대하는 태도에 있었습니다. 학교 수업을 소중히 여기고 선생님을 존경하는 아이들은 위기가 생겨도 결코 쉽게 무너지지 않았습니다.

　사교육 자원을 풍족하게 활용할 수 있는 경제력이 오히려 아이를 망칠 수 있다면, 믿으시겠습니까? 앞에서 저는 과잉보다 결핍이 아이의 성장에 더 긍정적일 수 있다는 점을 이야기했습니다. 이 원리는 사교육 시장에서 더욱 명확해집니다.

부모 주도 사교육, '나를 괴롭히는 악마야'

아이의 마음속 외침은 이렇습니다. '엄마가 나한테 물어보지도 않고 학원을 등록했어. 나는 하나도 모르겠는데 진도만 나가. 학원은 나를 괴롭히는 악마야. 엄마는 내 마음도 모르고 돈만 쓰고 있어.'

아이 주도 사교육, '어려움을 해결해 주는 천사야'

아이가 스스로 자신의 필요를 깨닫고 부모에게 도움을 요청했을 때 만나는 사교육은 천사와 같습니다. '수학, 이 부분만 해결되면 정말 잘할 수 있을 것 같은데… 엄마가 내 얘기를 끝까지 듣고 함께 학원을 알아봐 주셨어. 이 학원은 나의 어려움을 해결해 주는 천사야. 나를 믿고 지원해 주는 엄마, 정말 고마워.'

사교육의 본질은 음식과도 같습니다. 아이의 필요성과 자발성은 그 음식을 소화할 수 있는 소화 능력입니다. 배고프지 않은 아이에게 진수성찬을 차려준들 무슨 소용이 있겠습니까? 아이는 음식을 보고 고개를 돌릴 뿐입니다. 배가 고플 때 밥을 줘야 맛있게 먹고 피가 되고, 살이 되는 것과 같은 이치입니다.

사교육 과잉에 지친 아이의 집, 저녁 식탁은 침묵이 가득합니다. 부모는 '내가 너한테 해준 게 얼만데' 하는 원망의 마음을 삼키고, 아이는 '누가 해달라고 했어?'라는 반항심을 씹으며 밥을 먹습니다. 반면 경제적으로는 어렵지만, 아이의 필요에 귀를 기울이는 가정의 저녁은 온기가 가득합니다. "엄마, 아빠. 힘들게 버셔서 학원 보내주셔서 감사해요. 정말 열심히 할게요."

부모의 역할은 아이에게 풍족한 사교육을 제공하는 자금줄이 되는 것이 아닙니다. 아이가 스스로 배고픔을 느끼고 '엄마, 밥 주세요'라고 말할 때까지 기다리는 지혜, 그리고 그때 기꺼이 따뜻한 밥상을 차려주는 사랑, 결핍을 선물로 바꾸는 협력하는 가정의 위대한 힘입니다.

마음에 들지 않는 선생님, 어떻게 해야 할까요?

"당장 우리 아이 담임 선생님이 마음에 들지 않는걸요. 자질이 부족한 것 같습니다. 소통과 협력을 하려 해도 거부합니다. 이런 경우에는 어떻게 해야 합니까?"

솔직히 말씀드리겠습니다. 아이 담임 선생님 때문에 속상해하시는 부모님들의 그 마음, 충분히 이해합니다. 지금 우리나라 교직 사회에 문제가 있는 것 또한 사실입니다. 분명 아이의 성장을 돕기보다 걸림돌이 되는 것처럼 보이는 선생님을 만날 수도 있습니다. 하지만 그 순간, 우리 집의 '건축가'인 부모에게 가장 중요한 전략적 판단이 요구됩니다. 마음에 들지 않는다는 이유로 학교 수업과 선생님이라는 '대들보' 자체를 버리는 선택이 과연 현명할까요? 아이에게까지 싫으면 일단 피해라 식의 잘못된 생존법을 가르치는 것과 같습니다. 더 중요한 것은, 그 선택의 대가를 결국 아이가 고스란히 치르게 된다는 점입니다.

이런 상황은 마치 직장 생활과 같습니다. 상사가 마음에 안 들고 일할 분위기가 아니라고, 회사에서 어영부영 시간만 낭비하는 직장인을 떠올려 보십시오. 과연 그 결과가 어떻게 될까요? 회사가 바뀌거나 상사가 변하는 일은 일어나지 않습니다. 결국 손해를 보는 것은 자신입니다.

학교 선생님을 버리는 아이의 모습도 다르지 않습니다. '저 선생님 수업은 들을 필요 없어' 하고 귀를 닫는 순간, 아이는 선생님이 아니라 자신을 배움으로부터 고립시키는 것입니다. 그렇게 생긴 학습 결손은 언젠가 아이가 혼자 밤을 새워 메워야 할 학습 부채로 고스란히 남게 됩니다.

내 아이의 담임 선생님이 부적격 교사라 할지라도, 기본 전략은 바뀌지 않습니다. 다만, 선생님과 소통하고 교류하는 '방식'의 차이가 있을 뿐입니다. 어려운 선생님을 만났다면 목표는 '아이의 학습권과 정서적 안정을 지키는 것'으로 명확히 설정해야 합니다. 감정적인 대립 대신, 아이와 먼저 한 팀이 되어 상의해야 합니다. "많이 힘들겠다. 우리 지혜롭게 1년 잘 보내려면 어떻게 하면 좋을까? 선생님께는 어떤 도움을 정중하게 요청하고, 너 스스로는 수업 시간에 어떤 태도를 지키는 게 우리에게 가장 유리할까?"

아이와 협력해서 해법을 찾는 과정이야말로 진짜 살아있는 교육입니다. 어려운 선생님과의 1년은, 아이가 평생 마주할 수많은 어려운 사람 대처법을 배우는 가장 현실적인 사회생활 훈련장이 될 것입니다.

세상을 향해 창문을 내는 용기

지금까지 우리는 세상의 비바람으로부터 우리 가족을 지켜줄 단단한 지붕을 올리는 법에 대해 이야기했습니다. 하지만 지붕이 외부의 위험을 막아내는 방패에만 머문다면, 우리 집은 세상과 단절된 이기적인 요새가 될지도 모릅니다. 진정으로 필요한 지붕은 쏟아지는 비를 막아줄 뿐 아니라 세상의 빛을 집 안으로 따뜻하게 들일 수 있는 창문을 가진 지붕입니다. 내 아이가 살아갈 세상 전체가 안전하지 않다면, 우리 집의 울타리가 아무리 높아도 결국 그 위험으로부터 자유로울 수 없습니다.

협력의 집에 사는 가족은 바깥 세상의 문제에 침묵하지 않습니다. 오히려 세상을 향해 창문을 내는 용기 있는 실천을 시작합니다. 우리 집 지붕이 세상을 향한 창문을 낼 때, 아이는 '나의 성공'을 넘어 '우리의 세상'을 바라보는 법을 배웁니다. 부모가 먼저 세상의 아픔에 공감하고 더 나은 세상을 위한 작은 실천을 시작할 때, 아이는 자연스럽게 그 길을 함께 걷는 동반자가 됩니다.

다름을 배우는 식탁 대화

사회적 약자와 관련된 뉴스를 보며 "무섭다"는 말 대신, "저 사람은 왜 저런 어려움을 겪게 되었을까?"라고 질문하며 대화합니다. 식탁 위의 작은 대화가 혐오와 차별이라는 미세먼지를 막아주는 강력한 공기청정기가 됩니다.

지구를 살리는 가족 프로젝트

'우리 집 탄소 발자국 줄이기' 프로젝트를 시작합니다. 분리수거, 안 쓰는 플러그 뽑기 같은 작은 실천을 가족의 약속으로 정하고 서로 독려합니다. 지구라는 더 큰 우리 집을 돌보는 책임감 있는 시민으로 성장하는 과정은 분명 보람 있고 행복할 것입니다.

나눔과 배려의 문화 만들기

아이의 이름으로 적은 금액이라도 꾸준히 기부하는 습관을 만듭
니다. 주말에 함께 봉사하는 경험도 아이의 마음에 그 어떤 지식보
다 값진 자산을 선물할 것입니다.

우리 집 지붕 성능 테스트

잘 지은 집의 진정한 가치는 비바람이 몰아칠 때 비로소 드러납니
다. 지붕이 얼마나 튼튼한지는 우리 가족이 함께 만들어내는 힘으
로 측정할 수 있습니다.

정보의 폭풍 앞에서

지붕 없는 집: 고독한 정보 사냥꾼의 불안

부모는 정보력이라는 무거운 짐을 홀로 짊어진 사냥꾼이 됩니다.
밤새 인터넷을 헤매지만, 손에 잡히는 것은 '나만 뒤처지고 있다'
는 불안감뿐입니다. 더 좋은 정보가 어딘가에 있을 것이라는 조바
심에 사냥은 끝나지 않고, 부모는 점차 지쳐갑니다.

지붕 있는 집: 든든한 우리 집 탐험대

문제가 생기면 가족이 함께 모여 대화합니다. 정보 사냥이 아니라,
"우리에게 지금 진짜 필요한 게 뭘까?"를 함께 이야기합니다. 해
결 과제와 목표가 명확해지면, 가족은 각자의 네트워크를 총동원

하는 든든한 탐험대가 됩니다. 아빠는 직장 동료에게, 엄마는 친구에게, 아이는 선배에게 조언을 구합니다. 혼자 모든 것을 해결해야 한다는 불안감은 사라지고, '우리는 함께 움직이고 있다'는 믿음이 그 자리를 채웁니다. 튼튼한 지붕은 필요한 정보는 언제든지 얻을 수 있는 흡입구이자 오염된 정보는 걸러내는 필터가 되어줍니다.

세대라는 지진을 만났을 때

지붕 없는 집: 과거에 사는 심판관의 한숨

부모와 아이는 서로 다른 시대를 살아가는 이방인입니다. 부모는 자신의 경험을 정답으로 여기며 아이의 세상을 마음에 안 들어 합니다. 어느 순간 부모의 말은 "나 때는 말이야…"로 시작되고, 한심하다는 듯 바라보는 부모의 시선에 아이는 눈치를 보거나 주눅이 들거나, 혹은 반항하며 마음의 벽을 쌓습니다. 사회가 격변할수록 심해지는 세대 차이라는 지진에 많은 가정이 속절없이 흔들립니다.

지붕 있는 집: 미래를 배우는 동반자의 호기심

부모는 '내가 아는 것이 전부가 아니다'라는 겸손함과 지혜를 발휘합니다. 부모이니까, 희생하고 고생하니까 아이들이 당연히 알아줄 것이라는 생각이 얼마나 오만일 수 있는지 깨닫습니다. 부모는 말하기보다 듣기를 선택하고, 아이의 세계를 무시하는 대신 아이를 통해 새로운 세상을 배우려는 호기심 많은 학생이 됩니다. 세대 차이는 갈등의 원인이 아니라, 서로 다른 경험을 나누며 함께 성장하는 다리가 되어줍니다.

사회라는 해일이 덮칠 때

지붕 없는 집: 서로를 향한 비난과 원망

청년 실업, 결혼 기피, 고령화… 사회 문제는 우리 집에 해일처럼 덮칩니다. 비슷한 경우를 하나라도 겪는 가정은 늘 위태롭습니다. "아직도 정신 못 차린 거야!" "아니, 나한테 해준 게 뭐가 있다고!" 서로를 원망하며 책임을 떠넘기기 바쁩니다. 집은 상처를 할퀴는 전쟁터가 됩니다.

지붕 있는 집: 함께 버티는 견고한 방파제

평소 충분한 소통과 공감으로 서로의 처지를 깊이 이해하고 있는 가족은 다릅니다. 사회 문제에 직면했을 때, 흩어지지 않고 더욱 단단히 뭉칩니다. 가족 각자가 방파제의 벽돌이 되어 거대한 해일을 함께 막아섭니다. 외부의 충격을 함께 견뎌낸 가족은 이전보다 훨씬 더 단단한 '가족력'을 갖게 되고, 어떤 어려움에도 행복을 지켜낼 수 있는 힘을 키웁니다.

인공지능 시대의 마지막 학교, 우리 집

인공지능 시대가 본격적으로 열린 상황에서 우리는 아이들에게 무엇을 가르쳐야 할까요? 정답을 빨리 찾는 능력은 인공지능이 인간을 추월한 지 이미 오래입니다. 인공지능이 대신할 수 없는 자신만의 질문을 던지고 해법을 찾아가는 힘이 필요합니다. 그리고 그 힘은 가정에서부터 기를 수 있습니다.

안타깝게도, 더불어 살아가는 법을 배우던 전통적인 공동체는 이제 거의 사라졌습니다. 한때 아이들의 든든한 울타리였던 마을은 거의 찾을 수 없고, 교실마저 과도한 경쟁 분위기가 지배하는 삭막한 공간으로 변해가고 있습니다. 아이들이 사회성을 기를 터전을 잃어버린 시대, 가정은 최후의 보루가 되어야 합니다.

부모와 아이가 함께 살아가는 가정이라는 작은 공동체는 아이가 경험하는 첫 번째 사회이자, 어쩌면 마지막 남은 학교일지도 모릅니다. OECD '교육 2030' 프로젝트가 미래 역량으로 제시한 세 가지는 전부 모두 가족 공동생활 속에서 자연스럽게 길러질 수 있는 것들입니다.

1. 새로운 가치 만들기

아이는 부모와 함께하는 일상에서 작은 창조의 기쁨을 누릴 수 있습니다. 버려질 상자로 근사한 장난감 보관함을 다 같이 만들어 볼 수도 있습니다. 가족이 모여 궁리하면 할 수 있는 게 정말 많습니다. 서로 다른 의견을 모아 더 멋진 생각으로 발전시켜 실천하고 점검하며 발전시키는 가족회의를 통해, 새로운 가치를 만들어가는 과정을 꾸려가는 것은 그리 어렵지 않습니다.

2. 갈등·딜레마 해결하기

가족이 함께 사는 집은 늘 크고 작은 다툼이 생기는 공간입니다. 형제자매 간의 신경전, 스마트폰 사용 시간을 두고 벌어지는 협상, 부모와 아이의 생각 차이 등등. 갈등으로 끝나는 경우가 많지만 그 속에서도 조율과 양보, 타협의 과정을 충실히 밟아간다면 소중한 성장 경험이 될 것입니다.

3. 책임감 갖고 행동하기

공동생활은 곧 책임의 연속입니다. 내 식탁에 남겨 둔 그릇 하나가 누군가의 수고가 됨을 깨닫는 순간, 아이는 자기 책임을 배웁니다. 가족이 함께 분리수거를 하고, 안 쓰는 플러그를 뽑으며 "우리의 작은 실천이 지구를 살린다"고 말할 수 있을 때, 아이들은 교과서가 아니라 매일의 생활 속에서 책임감을 느끼고 실천합니다.

인공지능 시대의 교육은 멀리 있는 것이 아닙니다. 부모와 아이가 함께 살아가는 일상의 방식에서 이미 시작됩니다. 집이라는 작은 사회에서 아이는 새로운 가치를 만들고, 갈등을 조율하며, 책임감을 가지고 살아갑니다. 가정에서 함께 살아가는 힘을 기른 아이는 인공지능 시대에도 결코 길을 잃지 않을 것입니다.

다시 보기! 양소영 변호사의 교육법

양소영 변호사의 경험은 지붕의 힘을 감동적으로 보여 줍니다. 워킹맘으로 바쁜 와중에도 가능하면 아이들을 직접 차로 데리러 가는 시간을 소중하게 생각하고 충실히 지켰다고 합니다. 훗날 아이들은 "멀리서 엄마 차 지붕만 보여도 반가웠다"고 회상했습니다.

매일 같은 자리에서 기다리고 있는 부모의 존재는 아이들에게 세상 어떤 풍파에도 흔들리지 않을 든든한 정서적 지붕처럼 느껴졌을 겁니다. 또한 경쟁 노선이 아닌 성장 노선이라는 뚜렷한 가치관을 가지고 있었기에, 그녀는 학군지 신화나 사교육 유행이라는 외부 비바람에 흔들리지 않을 수 있었습니다. 딸이 갑자기 공부를 포기하고, "메이크업 아티스트 되겠다"고 했을 때도 걱정 대신 지지를 보낼 수 있었던 힘입니다.

결국 협력의 집을 완성하는 지붕이란, 외부의 불안으로부터 우리 가족의 고유한 가치와 끈끈한 유대감을 지켜내는 방패인 셈입니다. 이 튼튼한 지붕 아래서, 우리 가족은 세상의 시선이 아닌 우리만의 기준을 지키겠다는 용기 있는 독립 선언을 할 수 있습니다. 이 선언을 할 때, 아이의 눈에 비치는 세상은 완전히 달라질 것입니다.

한눈에 비교하기

	경쟁 노선(고속도로)	성장 노선(숲길)
목표	남보다 잘하기(비교 우위)	나답게 잘하기(존재가치)
핵심 질문	"어떻게 하면 이길까?"	"나는 어떤 사람인가?"
실패의 의미	낙오, 패배	과정, 데이터, 경험 조각
부모 역할	관리자(스펙 관리)	동반자(스토리 채집)
최종 자산	스펙 리스트	대체 불가능한 나의 스토리

10분 미션   ## 우리 집 지붕 점검하기

우리 집 지붕이 외부 비바람을 잘 막아주고 있는지 점검하고, 비바람에 대처하는 우리 집만의 방패막(대화법)을 연습해 봅니다.

1. 우리 집 지붕 성능 체크리스트

최근 한 달간 나의 모습을 떠올리며 체크합니다.

□ 아이 성적이나 성과를 다른 아이와 비교하며 불안감을 느낀 적이 있다.

□ 주변의 유행(예: 특정 학원)을 따르지 않으면 나만 뒤처지는 기분이 든다.

□ 아이의 장점보다 약점을 보완하는 데 더 많은 시간과 비용을 쓴다.

□ 아이가 '돈 안 되는 꿈'을 말할 때, 지지보다 걱정이 앞선다.

□ 학교 선생님의 의견보다 사교육 컨설턴트나 맘카페의 정보를 더 신뢰한다.

체크한 항목이 3개 이상인 경우, 우리 집 지붕이 외부 비바람(비교, 유행, 경쟁 노선)에 흔들리고 있다는 신호입니다.

2. 외부 압력 대처 방패막, 대화 스크립트 만들기

체크리스트에서 나를 흔들었던 외부 압력(친척 조언, 지인 비교 등)을 하나 떠올립니다. 그 압력에 불안하게 반응하는 대신, 우리 가족의 '가치관(원칙)'을 담아 부드럽지만 단호하게 말하는 연습을 해 봅니다.

상황1. "아직도 ○○학원 안 보낸다고? 걔는 벌써 중학교 과정 끝냈다던데!"

→방패막: "와, 그 친구 정말 대단하네요(상대 인정). 하지만 저희는 아이마다 자기 속도가 있다고 생각해요. 우리 아이는 지금 기초를 다지는 게 더 중요하다고 판단해서요(우리 가치관). 걱정해 주셔서 감사해요(마무리)."

상황2. "애가 그림만 그리고 있을 때가 아닌데. 지금 성적 관리가 더 중요하지 않아요? 나중에 후회하려고 그래요?"

→방패막: "네, 요즘 공부 정말 중요하죠. 걱정해 주시는 마음 잘 알아요(상대 인정). 그런데 저희는 아이가 좋아하는 일에 몰입하는 경험 자체도 공부만큼 중요하다고 생각해요(우리 가치관). 지금 이 활동을 통해 아이가 배우는 집중력이나 성취감이 나중에 다른 일에도 큰 힘이 될 거라고 믿고 있어요 (우리의 믿음/기대). 지켜봐 주시면 좋겠습니다(마무리)."

FAQ

Q. 세상은 여전히 학벌을 보는데 성장 노선만 걷다 아이가 낙오될까 두려워요.
A. 세상은 변하고 있습니다. 정해진 스펙 경쟁은 이미 꽉 막힌 길입니다. 남들과 똑같이 되기보다, 아이만의 존재 가치를 키우는 것이 오히려 미래 사회에서 살아남는 가장 확실한 길입니다. 우리 집만의 단단한 가치관(지붕)이 그 선택을 지지하는 힘이 됩니다. 무엇보다 기억해야 할 것은, 아이가 스스로 선택한 길에서 쏟는 자발적인 노력의 결과는 부모가 그 가능성을 얼마나 믿어 주느냐에 따라 크게 달라진다는 사실입니다. 부모의 불안은 아이의 노력을 위축시키지만, 부모의 단단한 믿음은 아이의 자발적 노력을 폭발적인 성장의 에너지로 바꾸어 놓습니다. 부모의 신뢰야말로 아이가 낙오하지 않고 자신만의 길을 끝까지 가게 하는 가장 강력한 동력입니다.

Q. 아이가 하고 싶은 것만 추구하다가 결국 돈 때문에 힘들어질까 봐 걱정됩니다.
A. 무한 경쟁이야말로 성공 확률이 극히 낮고, 실패 시 상처가 큽니다. 시야를 조금만 넓혀 보십시오. 지금은 평생 직장이 사라지고, 늘어난 수명만큼 정년 퇴직 이후에도 오랫동안 일을 해야 하는 시대입니다. 이런 불확실한 미래에서는 과거의 성공 방정식이었던 전문가 자격증조차 더 이상 평생의 소득을 보장해 주지 못합니다. 오히려 아이가 좋아하는 일에 깊이 몰입하며 얻어낸 역량(문제 해결력, 창의력, 회복탄력성)으로 자신만의 대체 불가능한 존재가치를 꾸준히 개발하는 것이, 훗날 자격증보다 훨씬 더 강력하고 확실한 돈벌이 수단이 됩니다. 당장의 불안 대신 아이가 가진 잠재력의 크기를 믿으세요.

Q. 이미 입시 경쟁에 깊이 발을 담갔는데, 이제 와서 '가족 가치관'이나 '성장'을 이야기하는 게 너무 늦지 않았을까요?
A. 결코 늦지 않았습니다. 뇌는 계속 성장하고 10대는 변화의 결정적 시기입니다. 당장 입시 트랙을 바꾸지 않더라도, 결과보다 과정을 지지하고 실패해도 기댈 수 있는 안전 기지를 만들어 주는 '지붕'은 언제든 세울 수 있습니다. 치열한 경쟁 속 아이에게 가장 필요한 것은 흔들리지 않는 가족의 지지입니다. 지금 시작해도 충분합니다.

AI 시대, 결국 협력형 부모만이 성공합니다

아이에게 당신은 아군인가요, 적군인가요?

책의 끝에서, 우리가 이 여정의 시작에서 만났던 그 구겨진 편지를 다시 떠올립니다. EBS 다큐멘터리를 통해 소개되었던 그 편지, 정작 아이의 어머니는 그 편지를 보지 못했습니다. 어머니가 본 것은 오직 아이의 성적표뿐이었습니다. 방송 화면 속, 분노와 실망으로 가득 찬 어머니는 아이를 재판관처럼 추궁했고, 아이는 고개를 숙인 채 천하의 죄인이 되어 있었습니다.

만약 그 어머님이 성적표 대신 아이가 몰래 썼다 구겨 버린 편지를 먼저 보셨다면 어땠을까요? "죄송해요, 용서하세요, 진짜 죄송합니다…"라고 적힌 그 편지를 어머니가 읽었다면 어머니의 마음도 아이의 마음처럼 무너져 내리지 않았을까요?

우리는 모두 그런 편지를 언제 쓸지 모를 아이들의 부모입니다. 아이를 너무나 사랑하기에, 내 아이만은 이 험한 세상에서 뒤처지게 할 수 없다는 불안감에, 우리는 기꺼이 아이의 성적 관리자가 됩니다. 하지만 아이를 닦달하고 관리할수록, 아이는 시들어

갑니다. 집약형 양육 모델이라는 거대한 늪에 빠진 대한민국의 흔한 풍경입니다.

많은 부모가 아이를 잃어가고 있다는 사실조차 모른 채 늪 속으로 빠져들고 있을 때, 저 멀리서 하나의 샘물이 솟아났습니다. 치열한 워킹맘이었고, K-장녀의 삶을 살며 누구보다 불안에 떨었지만 끝내 관리자가 되기를 거부하고 아이들 곁에 협력자로 굳건히 섰던 한 엄마, 양소영 변호사 그리고 그의 가족 이야기입니다. 양 변호사의 성공 사례는 거대한 늪 한가운데에서 솟아난 맑은 샘물과 같았습니다.

이 책은 그 샘물을 함께 마시자는 제안에서 시작되었습니다. 제가 간절히 소망하는 것처럼 맑은 물이 널리 퍼져나갈 때, 우리는 비로소 이 불안의 늪을 정화하고 협력의 집을 세울 수 있을 것입니다. 하지만 양 변호사의 이야기를 그저 '특별하고 잘난 사람의 이야기'로 치부하고 외면한다면, 우리는 절박한 상황에서 만난 소중한 기회를 버리는 셈입니다.

대한민국의 부모님들은 어려운 양육 환경에서도 놀라울 만큼 필사적으로 적응하고 있습니다. 하지만 그 결과가 결혼 기피와 세계 최저의 출산율이라는 사실은 지금과 같은 집약형 모델이 더 이상 지속 가능하지 않음을 처절하게 증명합니다. 그래서 감히 단언합니다. 이 책에서 제안한 협력형 모델은 단순한 방법론이 아닙니다. 인공지능이 인간의 지적 노동을 대체하는 지금, 협력형 부모 모델은 단순히 관계를 개선하는 심리적 처방을 넘어, AI가 대체할 수 없는 인간지능Human Intelligence을 길러내는 유일하고도 필연적인 미래 생존 전략입니다. 어떻게 그토록 확신하냐고 물으신다면, 그 답은 '팀'에 있습니다.

부모 역할과 아이의 성장을 팀플레이로 하는 것과, 서로를 탓하는 갈등 관계에서 하는 것의 차이는 하늘과 땅 차이입니다. 아이의 뇌는 지독할 정도로 우리 편을 찾습니다. 심리학에서는 이를 집단대조효과Group Contrast Effect라고 부릅니다. 아이에게는 자신을 무조건 지지하고 받아들여 줄 우리 팀이 절실하게 필요합니다. 그런데 집약형 모델에서 아이는 매일 부모의 지시와 관리, 감시와 마주합니다. 부모가 성적표를 든 심판관이 되는 순간, 부모는 더 이상 우리 편이 아닙니다. 나를 비난하고 통제하는 저쪽 편, 적군이 되는 거죠.

한때 가장 소중한 아군이었던 부모가 서서히 적군으로 변하는 것을 느낀 아이의 뇌는 자신을 받아줄 새로운 우리 편을 필사적으로 찾아 나섭니다. 그리고 안타깝게도, 그곳은 자극적인 미디어나 맹목적인 또래 문화, 유해한 온라인 커뮤니티가 차지하고 있습니다. 심리적 영양실조에 빠진 아이가 질 낮은 영양소를 찾아 헤매는 것입니다.

부모라는 가장 든든한 아군을 잃고 생존을 위한 방어 기제에 모든 에너지를 쏟는 아이는, 새로운 시대를 탐색하고 도전할 여유를 가질 수 없습니다. 반대로 부모가 확고한 팀이 되어줄 때, 아이는 비로소 정서적 안정을 바탕으로 자기 삶의 주도권을 쥐고 세상을 향한 지휘봉을 들 수 있게 됩니다. 미래 사회의 리더는 정답을 맞히는 기계가 아니라, 동료와 협력하고High-Touch AI라는 도구를 목적에 맞게 부리는 지휘자여야 합니다. 부모가 아이의 팀이 되어줄 때, 아이는 타인과 협력하는 법을 배우고 도구에 함몰되지 않는 주체성을 회복하며, 비로소 이 주체적인 지휘 능력을 갖추게 됩니다.

본문에서 만났던 '민준이'를 다시 떠올려 볼까요? 공부에 완전히 손을 놓아버린 아이, 그 아이의 뇌는 지금 '너는 왜 사니?'라고 비명을 지르고 있습니다. 우리 뇌에는 의미추구 회로가 있어, 끊임없이 '네 인생의 목표는 뭐야?', '네가 중요하게 생각하는 가치가 뭐야?'라고 묻도록 설계되어 있다고 합니다. 하지만 집약형 모델에서 아이가 내놓을 수 있는 대답은 오직 성적뿐입니다. 성적이 무너진 순간 아이의 뇌는 답을 잃고, 그 삶을 허무하고 허탈하게 느끼도록 만듭니다. 이 참을 수 없는 허탈함의 스트레스에서 벗어나고자 뇌는 가장 손쉬운 자극 추구 행위인 게임이나 스마트폰에 더 매달리게 만드는 것입니다.

협력의 집에서 자란 아이는 다릅니다. 그 집의 부모는 아이에게 "100점 맞았니?"(결과)를 묻지 않았습니다. 대신 "오늘 무엇을 배웠니?"(과정) 하고 물었습니다. 아이가 실패했을 때도 "괜찮아, 과정일 뿐이야"라고 말해 주었습니다. 이 아이의 뇌가 '너의 가치는 뭐야?'라고 물을 때, '어제보다 나아진 나', '포기하지 않았던 나의 노력', '새로운 것을 배운 즐거움'이라 답합니다. 삶의 과정 자체에서 의미를 찾은 아이는 더 이상 일시적인 자극에 매달릴 필요가 없습니다. 스스로의 힘으로 성장하는 진짜 공부의 맛을 알게 되었으니까요.

지금 이 순간, 집약형 모델의 문을 닫고 협력의 집 문을 두드리는 부모님들의 목소리가 들리는 듯합니다. "아, 그랬군요. 나도, 내 아이도, 우리 가족 그 누구도 문제가 아니었군요. 우리를 서로 탓하게 만들었던 저 낡은 집약형 모델이 문제였군요!" 그렇습니다. 그 깨달음과 함께 당신은 이미 가장 지혜로운 협력의 집을 짓는 건축가입니다. 가볍고 신나는 마음으로 협력의 집 문을 활짝 열고 들어오십시오. 뜨거운 박수로 환영합니다.

하지만 협력의 집 문을 열고 들어오셨다 해도 여전히 가장 교활하고 강력한 적이 남아있습니다. 그것은 사교육도, 입시 제도도 아닌, 바로 우리 마음속을 파고드는 불안입니다. 이 불안은 아이의 미래를 걱정하는 건강한 염려가 아닙니다. 그것은 대치동 학원

가에서 마주친 테남 중산층의 절박한 불안감과 닮았습니다. 어떻게든 상류층 코스프레라도 해야만 이 아수라장에서 살아남을 수 있을 것 같은 공포에 가깝습니다. 이 독한 바이러스는 불안 산업과 공포 마케팅을 타고 순식간에 전국 모든 가정으로 전염됩니다.

이웃들이 서로의 속사정을 훤히 알았던 시절, 윗집 아들이 전교 1등을 해도, 그 집 둘째가 동네 꼴찌인 것도 알았던 그 시절에도 어디 하나 완벽한 집은 없었습니다. 자랑할 일도, 숨 막히게 창피할 일도 아닌 그저 사는 모습 그 자체를 나눴습니다. 동네 이웃들은 서로의 상처를 보듬고 위로하는 든든한 '지붕'이던 그 시절에는 부모님들도 이렇게 불안하지는 않았습니다.

지금은 어떻습니까? 마을 없는 육아 시대, 아파트 엘리베이터에서 마주치는 이웃에게 누가 굳이 '어젯밤 아이 성적표 때문에 한숨도 못 잤어요'라고 속내를 털어놓을까요? 오히려 짧은 만남은 "우리 애, 이번에 ○○학원 최고 레벨반 됐어요" 같은 자랑질을 통해 잠시나마 우월감을 확인하는 무대가 되기 쉽습니다. 이런 자랑질 문화가 극대화된 인스타그램 같은 SNS까지 가세해 부모의 마음에 은밀히 스며듭니다. 완벽하게 연출된 성공담, 행복한 육아의 모습으로 나만 뒤처지고 있다는 공포를 자극합니다.

이 책의 에필로그까지 함께 걸어오신 부모님들께 간절히 희망합니다. 마음에 불안이 스며드는 그 순간을 재빨리 알아차리고 그 불안감의 실체를 마주 보며 능숙하게 다룰 수 있는 부모가 되어 주시기를 말입니다. 지금까지의 여정을 통해, 불안한 나와 평온한 나는 아이에게 전혀 다른 사람이라는 사실을 절실히 깨달으셨기를 소망합니다.

마지막으로, 끝까지 마음에 남은 장면을 소개하고 싶습니다. 강남의 고가 컨설팅, 최고급 사교육으로 무장했지만 눈빛은 늘 공허했던 한 아이가 있었습니다. 부모님은 아이를 위해 모든 것을 쏟아부었지만 아이의 성적은 기대에 한참 미치지 못했죠. 또 다른 아이는 시장 한편에서 작은 가게를 운영하는 부모님 밑에서 자란 아이였습니다. 이 아이에게는 흔한 학습지 한 권도 부담이었지만, 스스로 길을 찾아 최상위권 성적을 유지했습니다. 두 아이의 차이는 무엇이었을까요? 질문의 답은 어느 강연장에서 찾을 수 있었습니다. 수백 명의 부모님 앞에서 저는 이렇게 물었습니다. "신뢰의 반대말이 무엇이라고 생각하십니까?" 객석에서는 "불신이죠"라는 당연한 대답이 나왔습니다. 그때 저는, 아마도 그 자리에 계신 모든 부모님의 가슴을 철렁하게 만들었을 말을 건넸습니다. "아닙니다. 적어도 우리 부모의 세계에서 신뢰의 반대말은 '거래'입니다."

강연장은 순간 무거운 침묵에 잠겼습니다. '성적표 가져와 봐. 네가 증거를 보여 주면, 엄마가 그때 믿어줄게', 이 차가운 한마디가 사랑이라는 이름으로 얼마나 많은 가정에서 오가고 있을까요? 그 순간 부모님들은 깨닫습니다. 나와 아이 사이는 끈끈한 믿음이 아니라, 성과를 주고받는 차가운 거래였을지 모른다는 사실을 말입니다. 아이의 마음을 닫게 만든 것이 바로 나였다는 것을요.

강남 부모의 아이는 결과를 증명해야 하는 거래의 압박 속에 살고 있었고, 시장 부모의 아이는 부모의 흔들림 없는 신뢰를 먹고 자랐습니다. 부모님들, 우리가 지으려 한 협력의 집은 결국 아이에 대한 신뢰를 지키기 위한 여정이었습니다. 데이터와 확률이 지배하는 세상에서 아이에게 끝까지 변하지 않는 윤리적 가치와 무조건적 신뢰를 줄 수 있는 존재는 부모뿐입니다. 이것이 바로 기계가 결코 흉내 낼 수 없는 인간만의 영역이자, 우리 아이를 지켜줄 가장 튼튼한 지붕입니다.

AI 시대, 결국 협력형 부모만이 성공합니다. 그리고 그 성공의 끝에는 아이의 빛나는 미래뿐만 아니라, 부모와 자녀가 평생 누릴 깊은 신뢰라는 가장 큰 선물이 기다리고 있을 것입니다.

AI 시대의 부모 역할은 어떻게 달라져야 할까?

더 잘하려 애쓰기보다, 다르게 서는 부모 되기

"요즘은 AI가 다 해준다는데, 아이 공부는 어떻게 시켜야 할까요?" 상담 현장에서 가장 많이 듣는 질문입니다. AI가 소설을 쓰고, 코드를 짜고, 수학 문제를 순식간에 해결하는 시대입니다. 부모의 마음은 복잡해집니다. "이제 공부는 의미 없는 게 아닐까?" "이럴수록 더 시켜야 하는 건 아닐까?" 허탈함과 조급함 사이에서 마음이 흔들립니다. 그러나 이 책을 여기까지 읽은 부모라면 이미 알고 계실 겁니다. 문제는 '무엇을 더 시키느냐'가 아니라, 부모가 어떤 자리에서 아이 곁에 서 있느냐입니다. AI 시대에 부모의 역할은 줄어드는 것이 아니라 오히려 본질로 돌아갑니다.

1. AI 시대가 바꾼 것과 바꾸지 못한 것

AI가 작동하는 속도와 정확성만 놓고 보면 인간은 더 이상 AI의 경쟁 상대가 되지 못합니다. 하지만 인공지능이 아무리 진화해도 결코 대신하지 못하는 영역이 있습니다.

질문하는 능력: 문제를 스스로 정의하는 힘

판단력: 여러 선택지 중 가치 있는 길을 택하는 힘

회복탄력: 실패 앞에서 다시 시도하는 힘

공감·협업 능력: 타인의 마음을 읽고 함께 일하는 힘

AI는 답을 생성하지만 질문을 설계하지 못합니다. 선택지를 제시하지만 가치를 판단하지 못하며, 계산하지만 의미를 부여하지 못합니다. AI는 데이터를 수집하지만, 부모는 아이의 삶이라는 맥락을 읽어낼 수 있습니다. 결국 AI는 스스로 생각하지 않는, '사고를 외부에 맡기는 인간'을 대체할 것입니다. 사고를 멈추는 순간, 우리는 AI라는 도구를 활용하는 사람이 아니라 판단을 위탁하는 사람이 됩니다.

무엇이 의미 있는지 묻고, 어떤 방향을 선택할지 결정하는 힘은 여전히 인간의 몫입니다. 그 힘은 학원이 아니라 부모와의 관계, 삶의 맥락을 공유하는 가정이라는 토양 위에서 자랍니다. 가정은 아이가 세상을 처음으로 해석하는 자리이며, 세계를 바라보는 기준이 형성되는 첫 번째 맥락입니다.

2. 관리자 부모에서 사고 설계자로

그동안 부모는 관리자였습니다. 점검하고, 통제하고, 수정하고, 평가하며 그것이 책임이라고 믿었습니다. 하지만 AI 자동화 시대에 관리형 부모는 아이의 사고를 취약하게 만듭니다. 부모가 대신 결

정해 주기 때문입니다.

　이제 부모는 사고를 대신해 주는 사람이 아니라, 아이 옆에서 사고를 함께 설계하는 사람이 되어야 합니다. 부모의 역할은 아이의 입을 막고 지시하는 것이 아니라, 아이의 사고 과정을 비추는 거울이 되는 것입니다.

부모 역할의 전환	전환된 역할의 핵심
관리자 → 지원자	대신 결정하지 않고 아이의 선택을 돕는다
감시자 → 연결자	통제 대신 아이의 잠재력을 세상과 연결한다
해결사 → 질문자	답 대신 아이가 스스로 생각하게 유도한다
평가자 → 거울	점수 대신 아이의 사고 과정을 비춘다

이런 전환은 선언으로 이뤄지는 것이 아니라 끊임없는 훈련이 필요합니다. 그 훈련은 부모가 먼저 학습자의 자리에 서는 데서 시작됩니다.

3. 사고 구조를 길러주는 협력형 부모

AI 시대의 핵심 역량은 정보량이 아니라 사고 구조입니다. 부모가 먼저 새로운 사고 구조를 훈련할 때, 아이는 부모의 태도를 모델링하며 스스로 생각하는 힘, 즉 AI 시대에 필요한 사고 구조를 배웁니다.

정서적 안정: 불확실성을 처리하는 능력

AI 시대에서 변화와 불확실성은 기본값이 됩니다. 정서적 안정은 감정이 전혀 흔들리지 않는 상태가 아니라, 불확실성을 견디며 사고의 끈을 놓지 않는 능력입니다.

부모의 사고 실험 _ 나는 미래의 변화에 대해 얼마나 두려워하는가? 그 두려움은 사실인가, 가정인가? 내가 흔들릴 때 나를 붙드는 정서적 안전기지는 무엇인가?

AI와 함께하기 _ AI에 "평생 직장이 사라지는 시대에 필요한 역량"을 묻고, 그 답을 아이와 함께 읽어 보세요. 그리고 이렇게 묻습니다. "이 답 중에서 우리를 가장 불안하게 하는 건 무엇일까?" 이 질문 하나가 불안을 단순한 감정에서 분석적인 사고로 전환합니다.

자율성: 'Why'를 끝까지 추적하는 능력

AI는 목적을 묻지 않습니다. 지시된 목표를 실행할 뿐입니다. 자율성은 선택의 자유가 아니라, 목적을 정의하는 능력입니다.

부모의 사고 실험 _ 나는 왜 이 목표를 중요하게 여기는가? 이것은 아이의 욕구인가, 나의 불안인가? 반드시 해야 한다면 더 나은 방식이나 즐거운 방식은 없을까?

AI와 함께하기 _ 아이의 진로를 AI에 물어보되, 그 답변의 전제를 점검해 보세요. "AI는 왜 이 직업을 유망하다고 할까?" "우리는 무엇을 가장 중요하게 생각하지?" AI의 답을 의심하는 순간, 우리는 소비자에서 설계자로 이동합니다. 부모의 불안이 아이의 목표가 되지 않도록 막는 것, 그것이 자율성의 시작입니다.

과정 중심: 사고의 타당성을 검증하는 능력

AI는 결과물을 주지만 그 결과를 내는 과정이 편향되지 않았는지, 논리적으로 타당한지는 보증하지 않습니다. 과정 중심은 노력의 미화가 아니라 사고 검증 시스템입니다.

부모의 사고 실험 _ 내 판단의 전제는 무엇인가? 반대 논리는 무엇인가? 내가 놓친 변수는 무엇인가?

AI와 함께하기 _ AI의 답을 그대로 수용하지 않고 이렇게 물어 보세요. "이 답과 반대되는 의견도 알려줘." 전제를 점검하는 부모의 뒷모습이 아이에게 가장 강력한 비판적 사고 교육이 됩니다.

학습 습관: 이해와 의존을 구분하는 능력

AI 사용 자체는 문제가 아닙니다. 문제는 사고의 주도권을 AI에 위탁하는 것입니다. 진짜 학습 습관은 편리함의 함정에 빠지지 않고 인지적 독립성을 유지하는 능력입니다.

부모의 사고 실험 _ 나는 정말 이해했는가, 아니면 그럴듯한 설명에 설득당했는가? 이것을 누구나 이해하게 설명할 수 있는가?

AI와 함께하기 _ 어디까지 AI의 도움을 받고, 어디서부터는 내 힘으로 생각해야 하는지 아이와 함께 'AI를 활용할 때의 사고 가이드라인'을 정해 보세요. AI를 쓰면서도 사고의 주도권을 잃지 않는 경험이 반복될 때, 아이는 도구를 부리는 지휘자가 됩니다.

4. 아이의 미래를 결정하는 부모의 질문

부모의 말은 아이의 사고 방향을 결정하는 가장 강력한 교육 환경입니다. 이제 질문의 방향을 확인에서 탐색으로 바꿔 보세요. 질문의 변화가 왜 아이의 뇌 구조를 바꾸는지 그 본질적인 가치를 이해해야 합니다.

결과 확인에서 과정 복기로

"몇 점이야?" → "어디에서 제일 막혔고, 어떻게 해결했어?"

"몇 점이야?"라는 질문은 아이의 시선을 이미 끝나버린 과거와 결과에 고정합니다. 반면 "어떻게 해결했어?"라는 질문은 아이가 자신의 사고 과정을 다시 훑게 만듭니다. 이것이 바로 AI는 절대 흉내 낼 수 없는 인간만의 고등 지능인 메타인지를 활성화하는 과정입니다. 부모는 결과의 심판자가 아니라 사고의 조력자가 되어야 합니다.

원인 추궁에서 사고 점검으로

"왜 틀렸어?" → "그 문제를 풀 때 어떤 생각을 했니?"

"왜 틀렸어?"는 아이를 방어적으로 만들고 실패를 감추게 합니다. 하지만 "어떤 생각을 했니?"는 아이가 자신의 논리 구조를 부모라는 거울에 비춰보게 합니다. 정답 여부보다 자신의 논리가 타당했는지를 스스로 검증하는 습관은 AI가 내놓는 수많은 정보 중에서 진실을 가려내는 힘이 됩니다.

막연한 격려에서 전략적 시도로

"다음엔 잘해." → "다음에는 무엇을 다르게 시도해 볼까?"

"잘해"라는 말은 아이에게 결과에 대한 부담만 주지만, "무엇을 다르게"라는 질문은 실패를 하나의 데이터로 인식하게 합니다. 시행착오를 두려워하지 않고 전략을 수정해 나가는 유연한 사고 구조를 만들어주는 것입니다. 이것이 예측 불가능한 미래를 살아갈 아이에게 필요한 진짜 실력입니다.

직업 선택에서 가치 정의로

"커서 뭐가 될래?" → "너는 세상의 어떤 문제를 해결하고 싶니?"

직업은 AI에 의해 사라질 수도, 바뀔 수도 있습니다. 하지만 해결하고 싶은 세상의 문제를 가진 아이는 시대가 변해도 자신의 역할을 스스로 정의합니다. 이것이 바로 AI 시대에 대체되지 않는 인간, '목적을 설계하는 사람'으로 키우는 질문입니다. 질문의 끝에 '나'가 아닌 '세상'이 있을 때 아이의 사고는 확장됩니다.

5. 부모가 AI를 사용하는 방식이 아이를 결정합니다

AI를 금지할 것인가 허용할 것인가의 문제가 아닙니다. AI가 대신 생각하게 할 것인가', 아니면 AI와 함께 생각하며 사고를 확장할 것인가의 문제입니다. 부모가 AI를 대하는 태도는 아이에게 기술을 도구로 활용하는 법을 가르치는 살아있는 교과서입니다.

협력형 부모는 AI를 사고 확장의 파트너로 삼습니다. 부모가 AI

의 답을 무조건 수용하지 않고, "이 답이 논리적인가?", "다른 관
점은 없을까?"를 먼저 고민하는 모습을 보여주어야 합니다. 그리
고 아이에게 말합니다. "AI의 답이 아주 그럴듯하네. 그런데 우리
생각은 어때? 같이 검증해 볼까?"

이 한 문장은 매우 강력합니다. 기술을 단순한 정답 제조기로 보
는 소비자의 태도에서, 기술을 비판적으로 검증하고 활용하는 가
치 설계자의 태도로 아이를 이동시키기 때문입니다. 부모가 AI를
주체적으로 사용하는 모습 자체가 아이에게는 가장 고도의 인공
지능 교육이 됩니다. 기술에 의존하는 아이가 될지, 기술을 도구로
부리는 지휘자가 될지는 부모의 평소 사용 습관에 달려 있습니다.

가장 오래된 방식이 가장 강력한 전략입니다. AI 시대에 부모가 줄
수 있는 최고의 유산은 정보가 아니라 사고의 구조입니다. 아이를
관리하지 않고 믿는 것, 몰아붙이지 않고 기다리는 것, 주인공 자
리를 빼앗지 않고 협력자로 서는 것이 중요합니다. 기술은 계속 변
모하지만 자기만의 사고 구조를 가진 인간은 어떤 시대에도 길을
찾습니다. 부모가 먼저 학습자가 될 때, 아이 역시 당당한 인간으
로 성장합니다. AI 시대를 이기는 아이는 더 많이 아는 아이가 아
니라, 부모와 함께 더 깊이 질문하는 아이입니다.

결국 협력형 부모가 성공한다

초판 1쇄 인쇄일 2026. 3. 2.
초판 1쇄 발행일 2026. 3. 9.

지은이 | 박재원
발행인 | 한준희, 양시호

발행처 | 담담사무소
출판등록 | 2020년 5월 26일(제2020-000131호)
주소 | 서울시 마포구 동교로 25길 26-5 라라빌딩
전화 | 02)2038-6695 · 팩스 | 02)2038-4395
전자우편 | daamdaam@daamdaam.co.kr
홈페이지 | www.daamdaam.co.kr

ISBN : 979-11-971200-8-4